Danny Antwi

Contrato de Desempenho Energético para PMEs na Suíça

Danny Antwi

Contrato de Desempenho Energético para PMEs na Suíça

Plano de negócios para uma organização fornecedora de Contratos de Desempenho Energético

ScienciaScripts

Imprint

Cover image: www.ingimage.com

This book is a translation from the original published under ISBN 978-3-659-89357-5.

Publisher:
Sciencia Scripts
is a trademark of
Dodo Books Indian Ocean Ltd. and OmniScriptum S.R.L publishing group

120 High Road, East Finchley, London, N2 9ED, United Kingdom
Str. Armeneasca 28/1, office 1, Chisinau MD-2012, Republic of Moldova, Europe
Managing Directors: Ieva Konstantinova, Victoria Ursu
info@omniscriptum.com

Printed at: see last page
ISBN: 978-620-8-60334-2

ÍNDICE

Agradecimentos

Gostaria de agradecer a várias pessoas que me apoiaram na realização desta tese. Em primeiro lugar, gostaria de agradecer ao meu orientador, o Professor Markus Hubbuch, que me apresentou o contrato de desempenho energético e despertou o meu interesse pelo mesmo. Estou particularmente grato pela sua ajuda no contacto com outros parceiros que ajudaram a fornecer a informação necessária para a tese. Gostaria também de agradecer ao segundo examinador, Dr. Frank Wadenpohl, pelo tempo que dedicou à avaliação do meu trabalho.

Gostaria de expressar a minha gratidão para com os parceiros externos que me ajudaram na minha tese. Estou grato pela sua ajuda e pelo tempo que despenderam durante as entrevistas. Estou particularmente grato à PME que me concedeu acesso à sua base de dados e à Sra. Lotta Bangens pela sua ajuda no contacto com empresas de serviços energéticos na Suécia.

Finalmente, tenho de agradecer ao meu pai: Rev. S.Y. Antwi, à minha mãe: Margaret Antwi e às minhas irmãs pelo seu apoio e interesse inabaláveis na minha educação. Gostaria também de agradecer ao Sr. Patrick Opoku Boakye e à sua família, bem como ao Sr. Gordon Opoku Boakye e à sua família; obrigado por terem tomado conta de mim durante a minha estadia na Suíça e por me terem ajudado a concluir este trabalho

LISTA DE ABREVIATURAS

<u>Abbreviation</u>	<u>Meaning</u>
EnAW	Energie-Agentur der Wirtschaft
EPC	Energy Performance Contracting
ESCO	Energy Service Company
EBaR	Energy budgets at risk statistics
OEM	Original equipment manufacturer
SME	Small to medium scale enterprise
CO_2	Carbon dioxide

CAPÍTULO 1. INTRODUÇÃO

1.1 Antecedentes

O contrato de desempenho energético é um serviço prestado por empresas de serviços energéticos, com o objetivo de ajudar os utilizadores de energia a ultrapassar as barreiras que enfrentam, principalmente financeiras, que os impedem de implementar soluções de poupança de energia (Yik & Lee, 2005), (eu.bac, 2011). A ESE, portanto, assume a maior parte dos riscos financeiros e técnicos, incentivando assim o utilizador de energia a adotar soluções de eficiência energética. Os contratos de desempenho energético podem ser através de um contrato de poupança partilhada em que as poupanças monetárias são divididas por um período de tempo pré-determinado ou um contrato de poupança garantida em que a ESE garante uma quantidade de energia que será poupada, protegendo o cliente do risco de não atingir as poupanças de energia necessárias para pagar os investimentos (eu.bac, 2011). O sucesso do EPC, portanto, depende do benefício financeiro mútuo de todas as partes no contrato e, se usado adequadamente, pode ser uma ferramenta útil para reduzir o consumo de energia. Apesar da sua utilidade, estas parcerias para a poupança de energia tendem a ser arriscadas, particularmente para a ESE, que suporta a maior parte dos riscos. Por conseguinte, é necessária uma investigação adequada sobre a teoria económica dos CPE, com especial incidência nos custos e nos rendimentos do investimento das empresas de serviços energéticos, a fim de investigar o êxito dessas parcerias.

A utilização das ESE como meio de reduzir o consumo de energia teve início nos Estados Unidos na década de 1970, tendo-se depois alargado à Europa e ao Japão (Lee, Park, Noh, Jongwhan, & Painuly, 2003). A utilização de serviços oferecidos pelas ESE, como os contratos de desempenho energético e os contratos de serviços energéticos, é um fator-chave de muitas políticas de redução de energia, como a iniciativa da UE para reduzir os gases com efeito de estufa (Marino, Bertoldi, Rezessy, & Benigna, 2011). Da mesma forma, a utilização de CPE poderia ser uma ferramenta para permitir à Suíça atingir o seu objetivo de reduzir a utilização de combustíveis fósseis em 20% até 2020 e limitar o aumento do consumo de eletricidade a 5% ou menos entre 2010 e 2020 (Bundesamt furEnergie BFE, 2008).

1.2 Declaração do problema

Tem havido um impulso crescente para a utilização eficiente da energia, motivado pela dificuldade em satisfazer a crescente procura de energia e pela questão das alterações climáticas. Em resposta, a comunidade internacional respondeu ao problema através da adoção do Protocolo de Quioto, que a Suíça ratificou em 2002. Um dos meios para atingir os objectivos de redução do dióxido de carbono (CO_2) e de outras emissões de gases com efeito de estufa consiste em garantir poupanças de energia e as respectivas poupanças de custos através da utilização de contratos de desempenho energético (EPC). Através deste método, os benefícios financeiros de uma maior eficiência energética são partilhados entre o consumidor de energia e a empresa de serviços energéticos (ESE). Por conseguinte, o CDE constitui um incentivo financeiro à poupança de energia, utilizando as poupanças geradas pela melhoria da ineficiência atual (eu.bac, 2011). No entanto, existe atualmente pouca investigação sobre a teoria económica dos contratos de desempenho energético (Suhonen & Okkonen, 2013). Estes investigadores também tendem a concentrar-se na base económica de parcerias EPC individuais, sem ir mais longe para considerar o sucesso financeiro da ESCO como um todo.

Quando se consideram as soluções de poupança de energia e os benefícios ambientais daí resultantes, a ênfase é normalmente colocada no sector industrial, uma vez que este consome 37% de toda a energia fornecida (Abdelaziz, Saidur, & Mekhilef, 2011). A ênfase colocada na utilização eficiente da energia neste sector tem tido algum sucesso, apesar do aumento da procura de energia, tem havido uma redução no orçamento total de energia a nível mundial, o que aconteceu apesar do crescimento económico global contínuo (Abdelaziz, Saidur, & Mekhilef, 2011). Em contraste com a indústria, as PME recebem pouca atenção quando se considera a eficiência energética (Kannan & Boie, 2003) e isso também é evidente no contexto do mercado suíço de EPC. Atualmente, o EPC é relativamente desconhecido na Suíça, no entanto, um estudo de ESCOs que fornecem serviços de aquecimento mostra que o fornecimento de tais serviços de energia para as indústrias é o foco principal. Embora mais elevados do que as residências privadas, os serviços oferecidos por estas ESCOs são ainda muito inferiores ao sector industrial e às parcerias de aquecimento (Warmeverbunde) (Hacki, Hess, & Keller, 2009).

Há vários riscos que uma ESE que ofereça serviços EPC às PMEs enfrentará, há pouco conhecimento sobre esta forma de parcerias de poupança de energia na Suíça. Há também poucos incentivos para que as PMEs adoptem projectos de eficiência energética; tradicionalmente, os custos de energia têm sido baixos em comparação com os custos de mão de obra, os custos de energia, portanto, formam uma pequena fração do custo total de produção (Kannan & Boie, 2003); esta relação entre os custos de energia e os custos de mão de obra proporciona alguns desafios para as ESE. O objetivo do contrato de desempenho energético é reduzir os custos de produção para uma organização através da redução do desperdício de energia, no entanto, isto é conseguido através de uma parceria com uma ESE, o que resulta num aumento dos custos de transação. Para que a relação EPC continue a ser rentável, as poupanças totais obtidas com a redução dos custos de energia e dos custos operacionais devem ser superiores ao aumento dos custos de transação e dos investimentos em medidas de poupança de energia (Sorrell, 2005). Os elevados custos de mão de obra e os baixos custos de energia tornam este objetivo difícil de alcançar. Uma forma de evitar este problema é através da utilização de economias de escala, em que os custos gerais incorridos são distribuídos por uma carteira diversificada de projectos de poupança de energia (Sorrell, 2005). Uma ESE deste tipo necessitaria, portanto, de um grande número de clientes, o que pode ser difícil de conseguir num mercado de EPC não desenvolvido, que tem poucos incentivos para adquirir o serviço em primeiro lugar.

O sucesso do EPC como meio de reduzir as emissões de carbono e os problemas daí resultantes só será bem sucedido se as ESCO forem financeiramente bem sucedidas; no entanto, os problemas acima referidos constituem alguns obstáculos para o conseguir. Há, portanto, a necessidade de olhar para além das parcerias EPC individuais e considerar o sucesso financeiro da ESCO como um todo. Devido aos diferentes desafios que se colocam a uma organização que fornece serviços de EPC às PME, é importante saber se as receitas geradas serão capazes de cobrir todos os custos incorridos sem registar perdas a longo prazo, o que constitui a base da tese de mestrado.

1.3 Objetivo da investigação

O objetivo desta tese de mestrado é determinar se uma empresa de serviços energéticos pode prestar serviços de contratos de desempenho energético a PMEs na Suíça sem ter prejuízos a longo prazo.

1.4 Objectivos

Os objectivos específicos desta tese de mestrado serão os seguintes

i. Faça uma estimativa dos custos em que incorrerá uma organização que fornece produtos EPC às PME.

ii. Faça uma estimativa das receitas que essa organização pode esperar obter num período de 10 anos.

iii. Determinar se uma organização deste tipo pode sustentar-se com as receitas que gera sem registar perdas.

1.5 Questão de investigação

1. Poderá uma empresa de serviços energéticos que ofereça CPE a PME ser financeiramente viável a longo prazo?

i. Qual é o valor monetário dos investimentos e dos custos de exploração que uma empresa de serviços energéticos que fornece serviços EPC a PMEs irá efetuar num período de 10 anos?

ii. Quais são as receitas que essa empresa espera obter num período de 10 anos?

iii. As receitas geradas são capazes de cobrir todos os custos em que a organização incorrerá

2. Quais são os riscos que uma organização deste tipo enfrenta?

i. Quais são os riscos financeiros mais graves que uma empresa deste tipo enfrentará?

ii. Como é que estes riscos financeiros afectarão as receitas previstas da organização?

1.6 Âmbito de aplicação

O âmbito desta tese limita-se à entrega de EPC a PMEs na Suíça, no entanto, devido ao facto de existirem poucas empresas que entregam EPC na Suíça, foram escolhidas para os estudos de caso ESCOs que prestam serviços semelhantes na Europa. Três dos quatro estudos de caso de ESCOs escolhidos foram na Suécia e o outro estudo de caso foi de uma empresa na Áustria. No entanto, todas as entrevistas com peritos foram efectuadas na Suíça.

1.7 Esboço da tese

A tese de mestrado é composta por seis capítulos, sendo os pormenores de cada capítulo descritos a seguir:

1. O primeiro capítulo é a introdução e procura apresentar um argumento para a relevância da tese. Este capítulo procura definir o problema de investigação que a tese pretende abordar. O capítulo de introdução também define o objetivo da investigação, os objectivos da tese e as questões de investigação que procuram cumprir o objetivo da tese. Finalmente, o capítulo de introdução apresenta aos leitores o quadro teórico em que a tese se baseia.

2. Para realizar uma investigação relevante, o investigador deve compreender o que foi feito antes, os pontos fortes e fracos da investigação existente (Boote & Beile, 2005) e este é o papel da revisão da literatura. O segundo capítulo é a revisão da

literatura e este capítulo procura fornecer aos leitores uma compreensão do estado atual da investigação sobre EPC. Este capítulo também demonstra como o presente estudo contribui para a investigação existente.

3. O terceiro capítulo é a metodologia e procura conduzir o leitor através de cada etapa do processo de investigação. O capítulo sobre a metodologia explica a razão das decisões tomadas relativamente à conceção da investigação, ao tipo de dados recolhidos, à forma como os dados foram recolhidos e à forma como os dados serão analisados. O objetivo deste capítulo é estabelecer a validade e a fiabilidade da tese. É importante estabelecer a fiabilidade numa investigação qualitativa como esta tese. De acordo com Lincoln e Denzin (1994) citados por Bowen (2005), a fiabilidade na investigação qualitativa baseia-se no grau de transferibilidade, fiabilidade, credibilidade e confirmação dos resultados.

4. O quarto capítulo apresenta as conclusões de uma forma descritiva mas crítica. O capítulo também avalia o desempenho financeiro da ESE. As conclusões da tese incluirão resultados de várias fontes diferentes, o que deverá contribuir para aumentar a fiabilidade da tese (Bowen, 2005).

5. O quinto capítulo analisa os resultados em relação à investigação existente. Ao fazê-lo, o objetivo é dar resposta às questões de investigação apresentadas no capítulo 1. Este capítulo também mostrará como a tese contribui para o avanço do conhecimento existente sobre o desempenho financeiro das ESCOs.

1.8 Metodologia

A tese analisa os investimentos efectuados e também faz projecções com base nos pressupostos obtidos a partir dos resultados da investigação. O processo de investigação consistirá em quatro estudos de caso de PMEs, cinco entrevistas a peritos e um estudo de caso que analisa a utilização de energia de uma PME. Os dados dos estudos de caso das ESE e das entrevistas a peritos constituirão a base para os pressupostos utilizados na projeção dos ganhos do fornecedor de EPC. O estudo de caso da PME também fornece dados relevantes para fazer cálculos dos custos de investimento e das poupanças de energia associadas a um fornecedor de CDE. A fim de analisar a informação recolhida no estudo de caso da PME e tomar decisões de investimento, foram utilizadas várias ferramentas diferentes. Alguns termos e as suas definições são apresentados de seguida:

i. Retorno sobre o investimento (ROI): Quando um investimento é feito, o investidor abre mão da gratificação instantânea para obter benefícios futuros, como o aumento do fluxo de caixa da operação (Quiry, Dallocciao, Fur, & Salvi, 2014). Outra variante do retorno sobre o investimento; o retorno sobre o patrimônio líquido pode fornecer uma medida para o desempenho financeiro de uma empresa (Berke & DeMarzo, 2013). Para esta tese, o retorno do investimento é utilizado apenas para avaliar o retorno obtido nos investimentos em melhoria da eficiência energética. O retorno do investimento é calculado como:

$$ROI = \frac{\text{Amount gained from investments} - \text{Amount invested}}{\text{Amount invested}}$$

ii. Fluxo de caixa descontado: O fluxo de caixa descontado é um parâmetro útil para a tomada de decisão de investimento (Quiry, Dallocciao, Fur, & Salvi, 2014). Com base no fluxo de caixa da empresa, o fluxo de caixa descontado pode ser utilizado para valorizar as ações da empresa (Berke & DeMarzo, 2013). Este artigo utiliza o método do fluxo de caixa descontado para determinar se a ESE é capaz de se sustentar com as receitas provenientes da entrega de EPC às PME.

iii. Margens de contribuição: A margem de contribuição é o montante que cada unidade de um produto vendido contribui para cobrir as despesas fixas. Trata-se de uma parte essencial da análise custo volume lucro (CVP), que é uma ferramenta utilizada para determinar o ponto de equilíbrio de uma empresa (Garrison, Libby, Webb, Noreen, & Brewer, 2015)

Outra definição importante é a de PME; na Suíça, uma PME é definida como uma empresa com 1-249 empregados (Bundesamt für Energie BFE , 2008). No entanto, esta definição não tem qualquer relação com o consumo de energia da empresa, pelo que a definição de PME utilizada é a utilizada pelo programa EnAW, que define as PME como empresas que gastam menos de CHF 1 000 000 em energia (Energie Agentur der Wirtschaft, 2016)

CAPÍTULO 2. REVISÃO DA LITERATURA

2.1Teoria

O contrato de desempenho energético é um acordo através do qual uma empresa garante os resultados da redução do consumo de energia e, por conseguinte, assume o risco de desempenho do financiamento das melhorias necessárias para alcançar essa eficiência energética (eu.bac, 2011). Existem dois tipos de contratos de EPC: contratos de poupança garantida e contratos de poupança partilhada. A diferença entre estes dois tipos de contratos é que, nos contratos de poupança partilhada, a garantia de desempenho é o custo da energia poupada, enquanto nos contratos de poupança garantida a garantia oferecida cobre a quantidade de energia poupada (eu.bac, 2011). Os serviços de contratos de desempenho energético são oferecidos por empresas que fornecem soluções de poupança de energia com uma garantia de benefícios de poupança de energia ou de custos; estas empresas são designadas por empresas de serviços energéticos (ESE).

2.1.1 Definição de ESCOs

As empresas de serviços energéticos fornecem soluções para reduzir o consumo de energia e essas soluções envolvem a conceção e o desenvolvimento de projectos que reduzem o consumo de energia (Vine, 2005), (Fang, Miller, & Yeh, 2012), (Lee, Park, Noh, Jongwhan, & Painuly, 2003). Esses serviços não são oferecidos apenas pelas ESE, no entanto, o que diferencia essas empresas é a garantia de desempenho oferecida (Vine, 2005). Adicionalmente, as ESE podem financiar medidas de poupança de energia ou podem ajudar a assegurar o financiamento através da garantia de poupança que oferecem. As empresas que oferecem serviços energéticos sem garantia foram definidas por Bertoldi et al. (2006) como empresas fornecedoras de serviços energéticos. Os serviços oferecidos por estas empresas são efectuados mediante o pagamento de uma taxa sem a garantia de poupança de energia. Estas empresas incluem fornecedores e instaladores de equipamento energeticamente eficiente, tais como sistemas de iluminação e aquecimento energeticamente eficientes, remodelação de edifícios que resultam num edifício que consome menos energia, fornecedores de calor e alguns fornecedores de gestão de instalações (Shippee, 1996) (Bertoldi, Rezessy, & Vine, 2006). Shipee (1996) identifica quatro tipos de ESCOs que são:

i. Fornecedor ESCO que lida principalmente com grandes empresas e está principalmente no "negócio do controlo" em oposição à gestão do lado da procura.

ii. As empresas de serviços públicos ESCO são contratadas por fornecedores de serviços públicos para reduzir o consumo de energia dos clientes do fornecedor de serviços públicos num determinado montante.

iii. ESCOs de empreiteiros que se associam a empresas de construção para instalar equipamento com melhor eficiência energética.

iv. Engenharia ESCO que oferece aos clientes serviços de conceção e engenharia com eficiência energética.

2.1.2 Factores que determinam a sobrevivência das ESE.

Embora a investigação que considera o desempenho financeiro das ESE que oferecem projectos EPC às PME seja limitada, existe investigação sobre os factores que influenciam o desempenho financeiro dessas empresas. O principal fator que influenciaria a rendibilidade e as decisões de investimento é a relação entre o risco e a rendibilidade dos investimentos. Além disso, outros factores determinantes da rendibilidade são a quota de mercado, a diferenciação dos produtos através da qualidade e os esforços de marketing (Aaker & Jacobson, 1987). Além disso, Traffler (1982) afirmou que a falência financeira das empresas é determinada pelas acções dos banqueiros, dos credores comerciais, dos obrigacionistas, etc., pelo que se pode presumir que um dos factores mais importantes que determinam a falência de uma empresa são as acções dos obrigacionistas. Outros factores, como as mudanças na economia em geral e a ação do governo, podem influenciar a viabilidade financeira da empresa (Taffler, 1982).

A duração da atividade e a dimensão da organização também determinam a probabilidade de uma empresa sobreviver, as taxas de mortalidade das organizações diminuem à medida que a idade aumenta e as grandes empresas têm menos probabilidades de falir (Freeman, Carroll, & Hannan, 1983). As empresas com estruturas nucleares têm mais hipóteses de sobreviver, além disso, existe uma curva de aprendizagem que proporciona uma vantagem às empresas que estão em funcionamento há muito tempo (Freeman, Carroll, & Hannan, 1983). No que respeita à dimensão da organização, as grandes organizações têm melhores gestores e relações mais próximas com os credores. O principal motor da elevada mortalidade das novas empresas são as forças da concorrência no mercado, pelo que a observação do insucesso das novas empresas não se aplica na mesma medida às organizações sem fins lucrativos (Bruderl, 1990). Por conseguinte, pode inferir-se que as estruturas organizacionais sólidas, as relações estreitas com os credores, a boa gestão e a melhoria contínua através da aprendizagem com as experiências passadas são os factores que determinam o sucesso contínuo das empresas e não o tempo de atividade ou a dimensão da empresa.

Com base nos factores discutidos que determinam a viabilidade das empresas, conceitos como as condições de mercado, o risco, o retorno do investimento e as fontes de financiamento são selecionados para a revisão crítica da literatura. Para explorar mais eficazmente o desempenho financeiro das ESE, foi selecionado um subconjunto da literatura e será efectuada uma análise dos seguintes tópicos:

i. O mercado europeu de ESCOs que fornecem EPC,

ii. A teoria económica das parcerias EPC,

iii. Riscos enfrentados pelas empresas que fornecem EPC, e

iv. Investimentos efectuados em EPC.

O mercado europeu de ESCOs que fornecem EPC

O primeiro estudo de mercado internacional sobre as ESE foi realizado por Vine (2005), o investigador recolheu informações sobre as actividades das ESE com o objetivo de compreender:

1. O número de ESCOs que operam no mercado.

2. Os principais sectores em que estas empresas operam.

3. As barreiras de mercado que impedem o desenvolvimento destas empresas.

4. A dimensão dos projectos que realizam.

5. Tendências futuras do sector.

Os resultados do inquérito mostraram que o desenvolvimento das ESE estava ainda a dar os primeiros passos. No entanto, havia uma grande disparidade no número de ESE a operar em cada mercado, com alguns países a terem apenas algumas ESE e outros a terem mais de 50. Mais de uma dúzia destes países tinha uma associação de ESE. Um resumo do inquérito com os resultados de outros países europeus é apresentado abaixo.

Quadro 1 Fonte; adaptado de Vine (2005)

País	Data da primeira ESCO	Número de ESCOs	Valor total ($) dos projectos em 2001
Áustria	1995	25	7 milhões de euros
Alemanha	1990-1995	500-1000	150 milhões de euros
República Checa	1993	3	1-2 milhões
Hungria	Final dos anos 80 - início dos anos 90	10-20	Não sei
Itália	Início da década de 1980	20	Não sei
Lituânia	1998	3	Não sei
Polónia	1995	8	20 milhões de euros
Eslováquia	1995	10	1,7 milhões de euros

Suécia	1978	6-12	30 milhões de euros
Suíça	1995	50	13,5 milhões de euros
REINO UNIDO	1980	20	Não sei

O montante total estimado das transacções económicas realizadas pelas ESE nos países inquiridos situava-se entre 560 e 620 milhões de dólares, o que correspondia a cerca de metade a um terço das receitas geradas pelas ESE nos EUA em 2001 (Vine, 2005) (Goldman, J, Hopper, & Singer, 2002). No entanto, o inquérito não abrangeu os produtos oferecidos por estas ESE, uma vez que nem todas as ESE oferecem EPC (Shippee, 1996).

Uma barreira financeira comum que foi identificada como sendo comum em todas as regiões geográficas foi a indisponibilidade de capital, em parte devido ao risco percebido no investimento em ESCOs que, por sua própria natureza, não são baseadas em activos. Uma vez que os investimentos são feitos na propriedade do cliente e toda a remuneração é baseada numa garantia de poupança, os riscos envolvidos no financiamento das ESE podem ser demasiado elevados. Como resultado, as ESE perdem para os investimentos tradicionais em energia, como as centrais eléctricas, e os projectos de eficiência energética são pequenos e, por isso, não atraem a atenção das grandes instituições financeiras (Vine, 2005).

Para além das barreiras financeiras, as barreiras institucionais, como a falta de políticas e de liderança governamentais, o baixo custo da eletricidade e a falta de práticas normalizadas são desafios que as ESE enfrentam (Lee, Park, Noh, Jongwhan, & Painuly, 2003), (Vine 2005). De acordo com Vine (2005), a falta de clareza na aquisição de políticas de poupança de energia, a incerteza económica e política, para além da barreira financeira mencionada anteriormente, foram as quatro maiores barreiras políticas identificadas. Como exemplo do efeito das barreiras políticas no desenvolvimento do mercado das ESE, um artigo de Lee et al (2003) observou que as barreiras institucionais tinham um efeito mais significativo no crescimento do mercado das ESE na Coreia do Sul. Observaram que, apesar de o governo ter aprovado, em 1991, uma lei parlamentar que concedia apoio financeiro a projectos de poupança de energia, o número de projectos de poupança de energia só aumentou em 1997, quando foram eliminadas as barreiras institucionais relativas à aquisição destes serviços. Isto levou a um crescimento de 25 projectos de poupança de energia em 1997 para 519 em 2000, com os investimentos correspondentes a aumentarem de 5,9 milhões de dólares para 75,79 milhões de dólares no mesmo período

Com base na investigação de Vine (2005), Bertoldi et al. (2006) realizaram um inquérito às ESE na Europa para investigar o desenvolvimento do mercado, o valor dos projectos em curso e a causa da diferença no nível de desenvolvimento do mercado das ESE. Esta investigação foi mais longe, considerando os produtos oferecidos por estas empresas, tendo sido dada especial atenção à dimensão dos projectos de contratos de desempenho energético. No entanto, os autores não fizeram qualquer menção aos desenvolvimentos na Suíça. Foi então feita uma classificação com base no número de ESE, de empresas, no seu volume de negócios e no número e dimensão dos projectos EPC realizados, como se mostra a seguir:

Figura 2.1 Fonte; (Bertoldi, Rezessy, & Vine, 2006)

Com mais de 200 acordos EPC e 70.000 contratos de serviços energéticos, a Alemanha foi identificada como o país com o mercado mais desenvolvido para as ESCOs.

Existiam mais de 480 empresas de serviços com um volume de negócios anual de 3 mil milhões de euros. O apoio governamental foi identificado como sendo a fonte deste desenvolvimento. A ajuda recebida foi sob a forma de apoio técnico e financeiro. A ajuda adicional veio também sob a forma de informação e motivação dos clientes e de esquemas de financiamento adicionais de organizações não governamentais que também contribuíram para este sucesso (Bertoldi, Rezessy, & Vine, 2006).

Existe também alguma investigação sobre as tendências do mercado na UE relativamente à evolução do mercado no sector das ESE. Num estudo sobre as tendências das práticas empresariais, Marino et al. (2011) observaram que a principal fonte de crescimento no mercado da UE tinha sido o sector público que, devido à insuficiência de fundos, tinha contratado ESE, especialmente para projectos EPC. Para projectos que requerem a produção e utilização de energia renovável, o esquema construir, possuir e operar estava a ser utilizado com frequência. Com base nas suas conclusões, o crescimento nos novos países membros abrandou, tendo mesmo diminuído na Áustria, Noruega e Reino Unido. Os autores propuseram que este crescimento lento se deveu em parte a uma recessão da economia em geral. Em contrapartida, as alterações do quadro jurídico resultaram num crescimento rápido na Dinamarca, na Suécia e na Roménia. Bertoldi et al. (2006) tinham anteriormente atribuído as restrições legislativas como uma das causas do crescimento lento do mercado dinamarquês.

Também exploraram a forma como as tendências do mercado tinham sido afectadas pela legislação promulgada para apoiar políticas que reduzissem o consumo de energia e as emissões de gases com efeito de estufa (Marino, Bertoldi, Rezessy, & Benigna, 2011). A legislação que identificaram foi a seguinte: "Diretiva *relativa à eficiência na utilização final de energia e aos serviços energéticos (2006/32/CE), a Diretiva Europeia relativa ao desempenho dos edifícios (2002/91/CE), a Diretiva relativa à cogeração (CHP) 2004/8/CE, e a Diretiva relativa à conceção ecológica*

(2009/125/CE)". Estas políticas e alguns enquadramentos nacionais abrangentes conduziram a alguns sucessos que incluem: apoio das autoridades públicas, maior pressão sobre os custos para alcançar a eficiência energética, maior liberalização do mercado e mudanças estruturais e a criação de novas organizações de apoio às ESE. No entanto, barreiras como ambiguidades nos quadros legais, falta de padronização, escassez de trabalhadores qualificados, riscos comerciais e técnicos e a crise financeira ainda impediram o crescimento do mercado (Marino, Bertoldi, Rezessy, & Benigna, 2011).

O mercado da eficiência energética na Suíça

A investigação que está a ser conduzida pela cidade de Zurique e pela EnAW fornece uma visão da eficiência energética na perspetiva suíça. Bachinger et al (2014) exploraram modelos de financiamento para projectos de eficiência energética na Suíça. O estudo foi efectuado com o objetivo de desenvolver modelos de financiamento que colmatassem a lacuna de financiamento que existe particularmente para os agregados familiares na Suíça. A maioria das recomendações fornecidas destinava-se a promotores imobiliários e, uma vez que as PME podem ser proprietárias dos imóveis que ocupam, o relatório também é relevante para as PME. O défice de financiamento é constituído por elevados custos de investimento, poucas poupanças de energia para justificar os investimentos e complicações relativas à emissão de dívida para investimentos em energia (Bachinger, Meins, Burkhard, & Wiencke, 2014).

Um dos principais obstáculos à implementação de sistemas de eficiência energética aquando da renovação de edifícios é a indisponibilidade de informação relevante para os proprietários dos edifícios, para este problema Bachinger et al (2014) sugeriram a criação de um sistema mais eficiente de fornecimento de informação. Os autores sugeriram que se estabelecesse uma ligação entre os consultores técnicos e financeiros e os proprietários dos edifícios, o que não está a ser feito atualmente. Além disso, sugeriram também que o fornecimento de informação relevante aos ocupantes dos edifícios deve começar logo no início do processo de renovação (Bachinger, Meins, Burkhard, & Wiencke, 2014). Outra recomendação para colmatar o défice de financiamento é a criação de um fundo de investimento que tenha como componente principal a contratação de desempenho. Este fundo mitigaria as restrições de financiamento disponíveis para os promotores imobiliários e os ocupantes dos edifícios. O fundo de investimento em energia também facilitaria a participação de investidores institucionais, que estão dispostos a financiar investimentos em eficiência energética (Bachinger, Meins, Burkhard, & Wiencke, 2014).

Weincke & Meins (2012) investigaram o que leva os ocupantes de edifícios na Suíça a investir em eficiência energética e as barreiras que enfrentam para o fazer. Investigaram as motivações de quatro tipos diferentes de participantes: indivíduos, cooperativas, empresas e o sector público. A redução de custos foi o principal fator de motivação para a eficiência energética dos ocupantes dos edifícios, sendo esta a principal fonte de motivação. Outras fontes de motivação descobertas pelos investigadores são a preocupação com o ambiente, o desejo de tirar partido do prestígio associado aos rótulos de eficiência energética, a melhoria do conforto associada à nova tecnologia e o desejo de utilizar os fundos de apoio e subsídios existentes.

O maior obstáculo à adoção da eficiência energética são os elevados custos de investimento em renovações que melhoram a utilização da energia, bem como as dificuldades de recuperação dos investimentos. Outro obstáculo é a falta de informação necessária, por exemplo, a tecnologia para a eficiência energética está sujeita a mudanças constantes e, sem a consulta de especialistas, o ocupante do edifício pode não conseguir obter adequadamente as poupanças de energia necessárias. Esta falta de informação também leva à incerteza, o que também pode inibir a decisão de tomar decisões de investimento em energia (Wiencke & Meins, 2012). Embora esta barreira afecte principalmente os proprietários de edifícios privados, mesmo para a propriedade institucional investidores este conhecimento nem sempre está disponível (Jakob, 2004) citado por (Wiencke & Meins, 2012). A falta de informação sobre subsídios, requisitos legais dos proprietários de edifícios e meios de navegar na complexidade do financiamento da eficiência energética são outras barreiras identificadas.

Com base nas conclusões de Wiencke & Meins (2012), Burkhard & Wiencke (2013) efectuaram um estudo para encontrar soluções para as barreiras aos investimentos em eficiência energética identificadas anteriormente. Tal como nos relatórios anteriores, o estudo centrou-se nos proprietários de edifícios residenciais. O estudo foi realizado através de um workshop para profissionais da construção e do sector imobiliário. Os autores identificaram os resultados do workshop como preliminares e sugeriram a realização de mais investigação. Uma limitação do estudo é o facto de as empresas de serviços energéticos e os investidores institucionais não terem feito parte do estudo. Por conseguinte, os resultados fornecem poucas indicações sobre as formas de eliminar os obstáculos para as partes ausentes.

Alguns exemplos de soluções para as barreiras identificadas incluem meios mais eficazes de fornecer informações, restauração parcial e menos intensiva de energia para casas ocupadas por idosos, melhor sucessão em que a nova gestão também tem uma compreensão do potencial de poupança de energia, desenvolvimento de uma ferramenta de cálculo para estimar o retorno do investimento a longo prazo, novos modelos de financiamento para actualizações energéticas e construção de uma base de dados para ajudar a aliviar as incertezas sobre os custos de reparação. Para efeitos da presente tese, as barreiras mais relevantes identificadas e as suas soluções são as seguintes

i. Reduzir a indisponibilidade de informação através do aumento da competência do cliente, fornecendo informação e serviços de consultoria a proprietários de edifícios privados e promotores imobiliários. Esta informação poderia ser fornecida através de eventos em que os proprietários entrassem em contacto com peritos em energia ou através de consultas individuais.

ii. Relativamente aos problemas que podem surgir de uma perturbação na política das organizações devido à sucessão empresarial, Burkhard & Wiencke (2013) sugeriram a utilização de soluções de remediação abertas que podem ser implementadas independentemente da sucessão da empresa, bem como mostrar as contribuições a longo prazo da melhoria da eficiência energética para a organização. No entanto, houve pouco otimismo quanto à implementação e ao efeito que estas medidas teriam na prática.

iii. Como solução para a falta de ferramentas de cálculo duradouras, deve haver um desenvolvimento de ferramentas de cálculo flexíveis e individualizadas para retornos a longo prazo, que tenham o ESI (Indicador de Sustentabilidade Económica) como componente (Burkhard & Wiencke, 2013). Os indicadores de sustentabilidade económica são meios de verificar se a utilização dos recursos está de acordo com os objectivos de não utilizar os recursos renováveis para além da sua taxa de regeneração, limitar as emissões de resíduos abaixo da capacidade do ecossistema e limitar a utilização de formas de energia não renováveis (Rennings & Wiggering, 1997). Estas ferramentas de desenvolvimento devem ajudar os profissionais a desenvolver modelos que ajudem a tomar decisões sobre a eficiência energética. Também Burkhard & Wiencke (2013) sugeriram a formação de profissionais do sector imobiliário para que possam avaliar corretamente o retorno dos investimentos.

iv. Testar e desenvolver novos modelos de financiamento que tragam investidores para o negócio da poupança de energia (Burkhard & Wiencke, 2013). Isto foi sugerido como um meio de resolver o problema dos proprietários de imóveis que não implementam soluções de poupança de energia devido à falta de investimento.

Embora pouco mencionado, o contrato de desempenho energético pode desempenhar um papel importante, especialmente como meio de fornecer soluções para as duas maiores barreiras identificadas por Weincke & Meins (2012). A garantia oferecida pelo contrato de desempenho energético poderia proporcionar uma sensação de segurança aos investidores que poderiam estar relutantes em investir. As empresas de serviços energéticos podem também ajudar a solucionar a barreira da informação, constituindo um ponto de contacto único para todas as soluções de eficiência energética.

Sem estudos disponíveis sobre a dimensão do mercado de EPC na Suíça, a melhor ideia da dimensão do mercado pode ser obtida olhando para o mercado global de eficiência energética. Um exemplo é um relatório da TEP & EnAW (2012) que estudou os efeitos das actividades da EnAW na utilização eficiente da eletricidade. O relatório estudou 620 empresas e as suas conclusões mostraram que as empresas tiveram um efeito combinado de eficiência de 8% ou 0,81TWh durante um período de sete anos. Para contextualizar, isto equivale a 8% da procura de energia. O impacto relativo no sector dos serviços foi de 12%, o dobro do impacto no sector da indústria transformadora. No entanto, globalmente, foi poupada mais energia no sector transformador (0,45 TWh) do que no sector dos serviços (0,35 TWh). Com base nas conclusões actuais, foram feitas suposições sobre a quantidade de energia que a EnAW poderia potencialmente ajudar as empresas a poupar até ao ano 2020 e as poupanças potenciais variaram entre 1,7TWh e 7TWh (TEP & EnAW, 2012).

Os meios para melhorar a eficiência energética nas PME na Suíça foram estudados, por exemplo, (Minder, Mart, & Weisskopf, 2015). Os resultados de Minder et al. (2015) mostraram que, para as pequenas empresas, que na sua maioria estão na indústria de serviços e oferecem serviços como restauração, retalho, necessidades imobiliárias, etc., as medidas de eficiência são geralmente fornecidas a partir de um catálogo limitado de medidas típicas que se enquadram nos intervalos de:

- Iluminação (lâmpadas, controlo e comportamento).
- Aquecimento de espaços (termóstatos, ventilação, estanquicidade).
- Água quente sanitária (torneiras, comportamento).

- Ventilação (equipamento, controlo, comportamento).
- TI (seleção de dispositivos, temperatura da sala do servidor em espera).
- Cozinha (equipamento, planeamento, comportamento).

A teoria económica das parcerias para contratos de desempenho energético

Embora limitada, a investigação disponível sobre os modelos económicos de EPC oferece diferentes perspectivas sobre o assunto; por exemplo, Sorrell (2005) examinou as relações entre os custos de transação e de produção necessários para que um contrato EPC seja bem sucedido. Os custos de produção são os custos de capital incorridos na substituição de equipamento, os custos de instalação e a utilização de sistemas de medição e verificação. Outros custos de produção são os custos de manutenção e de funcionamento e os custos de financiamento associados à substituição do equipamento (Sorrell, 2005). Os custos de transação, por outro lado, são os custos de execução do contrato. Estes custos incluem os custos legais e de consultoria, os custos associados à procura de um fornecedor de EPC e os custos incorridos em resultado de alterações ao contrato decorrentes de circunstâncias imprevistas (Sorrell, 2005).

Foram identificadas as três condições necessárias para um contrato viável:

i. Os pagamentos contratuais à ESE (PAY) devem ser inferiores ao valor total das poupanças monetárias obtidas pelo cliente (CL). Esta condição foi indicada na condição 1.1, em que P é o custo de produção e T é o custo de transação, IN é interno e out é externo:

$$\text{Condição } 1.1 \quad PAY \leq (P_{CL}^{IN}\text{-}P_{CL}^{out}) + (T_{CL}^{IN}\text{-}T_{CL}^{out}).$$

ii. As receitas geradas pela ESCO(P_{CON}^{out}) devem ser superiores aos custos totais incorridos na prestação do serviço EPC :(T_{CON}^{out})

$$\text{Condição } 1.2 \quad PAY \geq (P_{CON}^{out}+T_{CON}^{out})$$

iii. A condição final é que a poupança total obtida com a redução dos custos de produção deve ser superior ao aumento resultante dos custos de transação, tal como indicado na fórmula seguinte;

Condição 1.3 $P_{CL}^{IN} - [\, P_{CL}^{out} + P_{CON}^{out}] \geq [T_{CON}^{out} + T_{CL}^{out}] - T_{CL}^{IN}$

Este modelo económico limita-se, no entanto, a mostrar apenas as relações entre os diferentes tipos de custos, assumindo também que uma parceria EPC não é rentável quando o benefício financeiro imediato não é alcançado. É improvável que os investimentos em contratos de desempenho energético sejam alcançados no primeiro ano (Lee, Park, Noh, Jongwhan, & Painuly, 2003) e, como tal, é importante considerar as poupanças futuras de custos de energia descontadas por um fator para ter em conta o custo de capital. Outro método para avaliar a viabilidade financeira dos investimentos, tendo em conta os rendimentos futuros, é o valor atual líquido ou o método do payback.

Yik e Lee (2005) desenvolveram um modelo financeiro simplificado também baseado no método do valor atual líquido para mostrar as condições necessárias para uma parceria EPC bem sucedida, um conjunto de equações financeiras foi desenvolvido para mostrar as condições que devem ser satisfeitas para que tanto a ESE como o cliente entrem numa parceria EPC mutuamente benéfica. Relativamente às condições que devem ser satisfeitas para que a ESE seja rentável, afirmaram que uma ESE só beneficiaria de uma parceria deste tipo se os investimentos efectuados (INV) fossem inferiores à parte da ESE nas poupanças (SESC) vezes o valor atual das poupanças de energia garantidas no contrato *[AEC_{con}]* menos as poupanças esperadas *AEC_{Exp}* durante um período de tempo (n).

Condição 2.1 $INV < SESC \times \sum_{n=I}^{CP} PV(AEC_{con} - AEC_{Exp})i)$

No modelo acima, PV {Xi} é o valor atual das poupanças de energia de Xi realizáveis no intervalo 'I' do período contratual (PC) e r a taxa de juro real, também denotada por:

$$PV\,[X_I] = \frac{x_i}{(1+r)^i}$$

Este considera o fluxo de caixa futuro e é fácil de utilizar. No entanto, fez uma série de simplificações significativas e ignorou variáveis como os custos envolvidos na implementação das soluções de poupança de energia, aumentos previstos nos custos de energia e subsídios governamentais aos investimentos, que é um fator importante que contribui para o sucesso financeiro dos projectos EPC (Vine, 2005).

Também utilizando o método do valor atual líquido, Suhonen & Okkonen (2013) colmataram esta lacuna. Eles mostraram quando uma parceria EPC é rentável para uma ESCO que fornece serviços de aquecimento como:

$$\text{Modelo3.1} \sum_{t=1}^{t} \left(\frac{R_n}{(1+r)^t} + \frac{RVI_n}{(1+r)^t} \right) - I_n = \Pi$$

onde R_n é a receita líquida recebida da energia poupada por ano, este valor pode ser obtido por $R_n = T_c - T_n$; T_c é o custo atual do fornecimento de energia ao cliente, este custo envolve os custos actuais de energia e os custos de funcionamento e pode também ser denotado por:

$$T_c = P_c E_c + C_c$$

Onde P_c representa o preço da energia, E_c é a quantidade de energia atualmente utilizada por ano e C_c é o custo atual das operações. Da mesma forma, T_c é o novo custo total de fornecimento de energia após a implementação do CPE e pode ser calculado da mesma forma que T_c antes. RV_{In} é o valor residual dos investimentos; In é o investimento líquido, r é a taxa de desconto e t é a duração do investimento.

Adicionalmente, Suhonen & Okkonen (2013) consideraram o investimento atual líquido (In), que contabiliza os subsídios do governo para a aplicação de projectos de poupança de energia, e isto pode ser mostrado abaixo, onde (g_n) é a taxa de subsídio ou subvenção e I é o valor do investimento:

$$In = (I - g_n)\, I$$

Embora complexo, este modelo considera uma série de variáveis relevantes que influenciarão a rentabilidade dos contratos de desempenho energético. A participação da ESE nos lucros gerados $[\Pi_{(()esco)}]$ no modelo (3.1) é então:

Modelo 3.2: $$\sum_{t=1}^{t}\left(\frac{Fk-T_{Cnk}}{(1+r)^{k}}\right)-I_{n} = \Pi_{(esco)}$$

t é a duração especificada no contrato e é o período de retorno esperado de todos os investimentos efectuados, incluindo os lucros e T_{Cnk} é o custo total do fornecimento de energia ao cliente (Tn) durante o período do contrato.

O objetivo desta secção da revisão da literatura era compreender a investigação existente sobre modelos financeiros que poderiam ser utilizados para calcular os ganhos de um fornecedor EPC. Devido ao facto de os modelos financeiros propostos por Suhonen & Okkonen, (2013) considerarem um grande número de variáveis relevantes necessárias para determinar se uma parceria EPC é financeiramente viável, o modelo financeiro desenvolvido no capítulo 3.6 baseia-se nos modelos 3.1 e 3.2. No entanto, devido ao facto de o objetivo desta tese ser examinar o desempenho financeiro dos fornecedores de CDE como um todo e não apenas de parcerias CDE individuais, os modelos financeiros 3.1 e 3.2 funcionam apenas como base para os modelos financeiros desenvolvidos posteriormente.

2.5 Riscos na prestação de serviços EPC

A investigação disponível sobre os riscos envolvidos no fornecimento de serviços EPC centra-se principalmente em duas áreas: ferramentas para avaliar esses riscos e meios para os mitigar. Tem sido observado que uma das razões para a falta de interesse em projectos de poupança de energia por parte dos decisores é a diferença na perceção de risco e recompensa que existe entre os defensores das políticas de poupança de energia que normalmente têm uma formação técnica e os decisores que vêm de uma formação financeira (Fang, Miller, & Yeh, 2012). Os especialistas em eficiência energética tentam identificar e eliminar os riscos, enquanto os decisores, que normalmente têm uma formação financeira, vêem o risco como uma ferramenta quantificável para comparar investimentos. A falta de dados quantificados limita, portanto, os investimentos em políticas de poupança de energia (Fang, Miller, & Yeh, 2012). Existem vários métodos para quantificar riscos, dois dos quais foram discutidos por Mills et al (2006) como o coeficiente de variação e a simulação de Monte Carlo. Foi feita referência a um estudo que mostrou a capacidade de comparar investimentos em processos de poupança de energia com outros investimentos tradicionais (Rickard, Hardy, Von Neida, & Milhmeister, 1992) citado por (Mills, Krommer, Weiss, & Mathew, 2006). Estas ferramentas ajudam, por conseguinte, a colmatar o fosso entre os peritos e os decisores. No entanto, para quantificar e gerir estes riscos, é necessário começar por identificá-los e afectá-los (Mills, Krommer, Weiss, & Mathew, 2006). Uma matriz que mostra estes riscos é apresentada de seguida.

Quadro 2.1 Fonte (Mills, Krommer, Weiss, & Mathew, 2006)

	Factores intrínsecos	Gestão do risco	Factores extrínsecos	Gestão do risco
Económico			Custo do combustível Encargos de procura Custo do capital Taxas de câmbio Custos de mão de obra Custos de equipamento	Coberturas: contrato a preço fixo Coberturas de taxas baseadas no risco Contratos de preço fixo; obrigações de inflação
Contextual	Informações sobre a instalação Aplicabilidade/ viabilidade	Diligência prévia/inquérito Conceção cuidadosa	Ambiente Níveis de serviço de energia	Análise de dados pré-projeto Exclusões/ ajustamentos contratuais
Tecnologia	Desempenho do equipamento Desempenho do sistema	Conceção, especificação, medição, poupança	Vida útil do equipamento	Conceção cuidadosa: especificações, exclusões

	Dimensionamento do equipamento	estipulada Conceção da medição		contratuais
Operacional	Degradações da poupança Ajustamentos de base Qualidade do ambiente interior	Monitorização e contratual Seguro de responsabilidade civil	Persistência	Formação e informação do utilizador final. Exclusão contratual; incentivos aos ocupantes
Medição e verificação	Qualidade dos dados Erros de modelação Energia Qualidade da precisão do medidor	Revisão de engenharia do modelo Plano e equipamento de medição adequados Especificação de medição correta		

Existem várias ferramentas para lidar com estes riscos, que incluem melhorias técnicas que aumentam as poupanças e minimizam os custos, estratégias financeiras e contratuais (Mills, Krommer, Weiss, & Mathew, 2006). Um exemplo de uma estratégia financeira consiste em repartir os riscos por uma carteira de projectos. Este método de gestão do risco estende-se facilmente ao preço atuarial e tem o potencial de transformar a energia poupada num bem financeiro que pode ser comercializado (Mathew, Kromer, & Sezgen, 2005), (Mills, Krommer, Weiss, & Mathew, 2006).No entanto, a barreira que limita o método atuarial de fixação de preços e avaliação de riscos é a falta de uma base de dados para os dados dos projectos das ESE, que é um pré-requisito essencial para a ferramenta probabilística em que o método atuarial de fixação de preços e avaliação de riscos se baseia (Mathew, Kromer, & Sezgen, 2005).

Para avaliar melhor os riscos envolvidos nos projectos EPC, Lee et al. (2015) realizaram um inquérito para avaliar os riscos e as preocupações de ambas as partes num contrato EPC. As conclusões do inquérito mostraram que os riscos das ESE se relacionam principalmente com possíveis incumprimentos de reembolso. Isto é exacerbado pelo facto de que em 75% dos inquiridos o anfitrião manteve a propriedade do equipamento mesmo quando a instalação foi financiada pela ESE. Além disso, após a implementação de medidas de poupança de energia, em 76,5% de todos os inquiridos a ESE não tinha qualquer controlo sobre a forma como o equipamento era utilizado e, embora esta questão fosse abordada no contrato, continuava a aumentar o risco da ESE. A incerteza da medição da linha de base e o aumento dos custos nos projectos EPC em resultado do aumento dos preços da mão de obra foram riscos adicionais enfrentados. Para os anfitriões de EPC, as suas preocupações relacionavam-se com os longos períodos de retorno do investimento, a complexidade dos projectos e a capacidade de reembolso.

No entanto, não é claro se os riscos identificados são exclusivos do local; Hong Kong, onde a pesquisa foi realizada, e se riscos semelhantes são enfrentados pela maioria das ESCOs que fornecem EPC em todo o mundo. Existem algumas semelhanças com os resultados de Mills et al (2006). No entanto, a população-alvo era diferente; Mills et al (2006) consideraram os riscos enfrentados pelas ESCOs, enquanto Lee et al (2015) consideraram os riscos dos projectos EPC. Existem algumas semelhanças relacionadas com as dificuldades em estabelecer condições de base, dificuldades com o ajuste e medições, e incertezas sobre os métodos de previsão de poupança de energia em ambos os casos (Lee, Lam, & Lee, 2015).

Esta secção da revisão da literatura identifica os riscos enfrentados pelos fornecedores de EPC de acordo com a literatura existente. A tese de mestrado procurará basear-se neste conhecimento para identificar como os riscos identificados afectariam uma empresa que fornece EPC a PME na Suíça.

2.6 Investimentos em contratos de desempenho energético

A pesquisa sobre investimentos em EPC e medidas de poupança de energia como um todo é variada, com pesquisas que analisam diferentes aspectos deste tópico. Por exemplo, Deng et al. (2015) consideraram o montante ideal que a ESE deve investir em tais projectos. Iniciaram a sua investigação com base na teoria económica que afirma que, à medida que o valor monetário dos investimentos aumenta, a quantidade de energia poupada também aumenta. Grandes investimentos em tecnologia de poupança de energia também têm o benefício de uma vida útil mais longa do equipamento e uma maior probabilidade de ganhar contratos EPC (Deng, Jiang, Zhang, & Cui, 2015).

No entanto, devido à lei dos rendimentos decrescentes, a um determinado nível de investimento a energia poupada não justifica financeiramente o nível de investimento (Deng, Jiang, Zhang, & Cui, 2015), o que coloca um limite ao montante máximo investido em projectos. Além disso, os investimentos em energia têm longos períodos de retorno, o que leva a que estes investimentos estejam sujeitos a alterações no mercado da energia, o que tem um impacto na rendibilidade dos investimentos em energia. Estas incertezas fazem com que os investidores em energia peçam retornos mais elevados e, consequentemente, existe uma correlação positiva entre a acumulação de capital e a perceção de risco (Deng, Jiang, Zhang, & Cui, 2015).

Com base nestes pressupostos, Deng et al (2015) desenvolveram um modelo de otimização utilizando a simulação de Monte Carlo com o objetivo de determinar o melhor montante a investir para alcançar um equilíbrio ideal no lucro entre a ESE e o ocupante do edifício. O modelo foi então testado usando dados de um estudo de caso real para determinar se as suposições declaradas acima eram verdadeiras. Os investigadores descobriram que, à medida que os investimentos efectuados no EPC aumentavam, as receitas geradas pela ESE e pelo proprietário do edifício também aumentavam. À medida que o lucro das ESE aumentava, os investimentos em energia também aumentavam, mas os retornos marginais começaram a diminuir e acabaram por se tornar não lucrativos. Por conseguinte, as conclusões confirmam a teoria económica dos rendimentos decrescentes, pelo que é necessário identificar um equilíbrio que evite investimentos demasiado elevados ou demasiado baixos (Deng, Jiang, Zhang, & Cui, 2015). Os investigadores observaram que, no nível ótimo de investimento, a ESE deve ter um VAL positivo, ao mesmo tempo que maximiza a garantia de energia fornecida ao ocupante do edifício. Esta relação optimizada deve idealmente fornecer a receita esperada necessária para a ESE lucrar com os contratos, ao mesmo tempo que fornece garantia suficiente ao ocupante do edifício para ganhar o contrato de poupança de energia.

Ao aplicar um processo estocástico com a simulação de Monte Carlo, Deng et al (2015) forneceram uma simulação de como os investimentos em energia devem funcionar em teoria e num único estudo de caso, no entanto, não há nenhuma pesquisa que examina diferentes investimentos EPC para determinar se uma situação semelhante realmente ocorre em todos os casos. Além disso, existe um fenómeno de subinvestimento em medidas de poupança de energia, mesmo quando existem condições económicas ideais e os investimentos prometem retornos adequados (Ansar & Sparks, 2009). Os investimentos em energia requerem normalmente taxas de desconto elevadas quando se avalia a sua viabilidade, sendo estas taxas de desconto normalmente muito mais elevadas do que as taxas de mercado; este fenómeno é designado por paradoxo da energia (Hassett & Metcalf, 1993), (Ansar & Sparks, 2009).

O paradoxo da energia tem sido objeto de uma extensa investigação, tendo sido atribuídas várias razões para este facto. Por exemplo, Hassett e Metcalf (1993) afirmaram que este comportamento de investimento, que exige taxas de juro elevadas para justificar os investimentos, pode ser racionalizado como sendo o resultado do grande número de incertezas e da irreversibilidade destes investimentos. No entanto, Sanstad et al (1995) observaram que, tendo em conta estes factores, os investidores exigiriam uma taxa de desconto de 6,8% em vez da taxa mínima de 25% e superior normalmente observada. Sanstad et al (1995) definem as hurdle rates como: *"uma taxa limiar de rendibilidade exigida aos investimentos pelos consumidores que difere da taxa a que estes descontam os custos e benefícios futuros"*. Os resultados mostram que, mesmo depois de considerar as incertezas e a irreversibilidade dos investimentos, os consumidores de energia exigiam taxas de desconto elevadas, próximas das hurdle rates e das taxas de desconto implícitas (Sanstad, Blumstein, & Stoft, 1995).

Ansar e Spark (2009) também procuraram desenvolver um modelo para explicar o paradoxo da energia, tendo considerado os atributos identificados anteriormente por Hassett e Metcalf (1994), que são as incertezas quanto ao retorno e a irreversibilidade dos investimentos. Consideraram também outros atributos comportamentais: a expetativa de futuros avanços tecnológicos que deverão resultar em maiores poupanças de energia e de custos, políticas governamentais que incentivem esses investimentos e uma maior consciencialização dos efeitos das alterações climáticas. Procuraram determinar as condições óptimas para os investimentos em soluções de poupança de energia e prever as taxas de dificuldade para investir em sistemas fotovoltaicos. As conclusões de Ansar e Spark (2009) mostraram que um gráfico das taxas mínimas para as taxas de desconto ajustadas ao risco formava uma função em forma de U. Os resultados mostraram que, à medida que a taxa de desconto aumenta, a hurdle rate começa a diminuir, mas acima de uma taxa de desconto de 20%, a hurdle rate começa a aumentar novamente. Os autores explicaram que, quando as taxas de desconto são baixas, os investidores exigem margens de lucro mais elevadas para compensar a volatilidade. No entanto, à medida que a taxa de desconto aumenta, os investidores tornam-se menos preocupados com a volatilidade e, consequentemente, exigem uma margem de lucro mais baixa, o que resulta numa hurdle rate mais baixa. No entanto, após um certo ponto (taxa de desconto de 20%), verifica-se um aumento correspondente e proporcional da taxa mínima com a taxa de desconto. Este facto é atribuído a taxas de desconto mais elevadas que ocorrem como resultado de tempos de retorno mais longos e, como tal, os investidores exigem uma taxa de retorno mais elevada. O gráfico das hurdle rates e das taxas de desconto de Ansar e spark (2009) é apresentado a seguir:

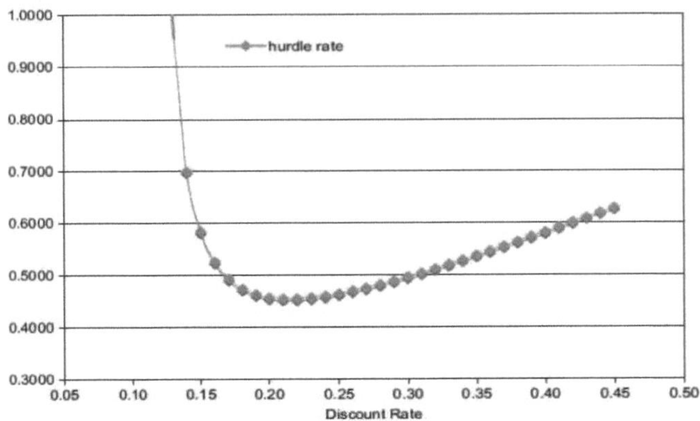

Figura 2.2: Hurdle rate em função da taxa de desconto de (Ansar & Sparks, 2009)

Como solução para os factores comportamentais que desencorajam os investimentos, os autores sugeriram a atribuição de uma compensação financeira aos primeiros utilizadores das políticas de poupança de energia.

Jackson (2010) também investigou o paradoxo da energia, considerando os métodos de orçamentação de capital e sugerindo outros métodos que poderiam reduzir as hurdle rates. Jackson (2010) supôs que o uso dos métodos do VPL, do payback ou da TIR dificultava aos investidores em energia julgar adequadamente o risco associado ao investimento. Isso ocorre porque geralmente é difícil encontrar investimentos em energia com caraterísticas semelhantes a partir das quais a taxa de desconto ajustada ao risco 'r' pode ser avaliada. O autor observou que, devido às incertezas na previsão de r, as empresas recorrem normalmente a regras de ouro para selecionar os investimentos e, ao fazê-lo, excluem outros investimentos possivelmente rentáveis.

Como forma de utilizar novos métodos de avaliação de investimentos, Jackson (2008) sugeriu a utilização de estatísticas de orçamentos de energia em risco (EBaR) que utilizam dados históricos, como padrões climáticos e custos de energia anteriores, para prever adequadamente o risco associado a um investimento. Isto permite que as empresas maximizem os seus retornos, permitindo-lhes investir em projectos que teriam sido considerados demasiado arriscados quando se utilizou o método do retorno do investimento (Jackson, 2010). Este método de análise de investimentos é semelhante ao método do valor em risco utilizado no sector financeiro para avaliar investimentos (Jackson 2010).

O potencial da utilização da EBaR foi demonstrado por Jackson (2010), que incorporou três variáveis: padrões climáticos, desempenho da nova tecnologia de gestão de energia e tendência dos preços da energia na simulação de Monte Carlo para prever as poupanças anuais de energia e o período de retorno dos investimentos em energia. Ao utilizar este método, Jackson (2010) demonstrou a vantagem da utilização de ferramentas baseadas no risco para avaliar a viabilidade dos investimentos em relação aos métodos tradicionais de VAL, TIR e payback. No entanto, à semelhança de Ansar & Sparks (2009), identificaram que este método de análise de investimentos não estava a ser utilizado devido à ausência de competências em Var e EBaR entre os gestores de instalações e engenheiros de energia. Sugeriram alterações institucionais, nomeadamente no que respeita à formação destas profissões, como forma de colmatar este défice (Jackson, 2010). A utilização deste método de avaliação dos investimentos energéticos é também o próximo passo necessário para securitizar e comercializar as poupanças de energia (Jackson 2010), embora Mathew et al. (2005) tenham afirmado anteriormente que eram necessárias melhores bases de dados como próximo passo para o efeito.

A revisão da literatura existente sobre investimentos em EPC dá uma ideia do processo de tomada de decisão que determina quanto as ESCOs investem num projeto. A revisão também mostrou a ligação entre os riscos e as decisões de investimento, bem como a relação entre os riscos e os retornos solicitados pelos investidores. Esta informação constitui a base para a formulação de um projeto de investigação que procura descobrir a informação de que derivam as estimativas utilizadas no cálculo dos ganhos dos fornecedores de EPC.

CAPÍTULO 3. METODOLOGIA DE INVESTIGAÇÃO

3.1 Introdução

Este capítulo apresenta uma descrição pormenorizada da forma como a investigação foi efectuada. A metodologia de investigação refere-se ao quadro e aos processos em que a investigação é efectuada (Remeyi, 1998). O capítulo sobre a metodologia começará por descrever o processo de investigação, com o objetivo de permitir que o leitor saiba como foi conduzida a investigação. Seguir-se-á uma explicação sobre a forma como os dados foram recolhidos e analisados. Este capítulo sobre a metodologia abordará os instrumentos de recolha de dados utilizados e os métodos de análise dos dados. A secção sobre a análise de dados também abordará os instrumentos de análise de dados e o tipo de codificação utilizado na análise dos dados. O quadro seguinte apresenta uma breve panorâmica de todo o método e processo de investigação.

Quadro 3.1: Resumo da metodologia de investigação

Decisão metodológica	**Método selecionado**
Estratégia de investigação	Qualitativo
Abordagem de investigação	Indutivo
Objetivo do estudo	Exploratório
Horizonte temporal	Secção transversal
Conceção da investigação	Entrevistas com peritos. Estudos de casos múltiplos e um estudo de caso único
Amostra	PME na Suíça, ESCOs na Europa e peritos na Suíça
Técnica de amostragem	Amostragem selectiva para todas as concepções
Recolha de dados	Entrevistas semi-estruturadas e análise de documentos
Análise de dados	Codificação e análise de matrizes

3.2 Conceção da investigação

Os métodos de investigação qualitativa procuram permitir uma compreensão dos contextos em que os acontecimentos ocorrem, podendo estes acontecimentos ser o contexto em que as decisões são tomadas ou em que as acções têm lugar. A investigação qualitativa fornece uma explicação do motivo pelo qual as decisões foram tomadas e, por conseguinte, permite compreender o assunto em causa (Myers, 2008). O método qualitativo foi escolhido para fornecer uma compreensão do mercado de eficiência energética e do estado do mercado de CPE na Suíça.

Uma caraterística que define a investigação qualitativa é o facto de a informação adquirida depender da perspetiva da fonte de informação, o que pode ser complicado, uma vez que os pontos de vista podem variar (Barbour, 2008). Esta limitação foi ultrapassada através da utilização de múltiplas fontes de informação, o que foi feito para melhorar a validade da investigação. As fontes múltiplas de informação foram: estudos de casos múltiplos, entrevistas a peritos em energia e um estudo de caso de uma PME.

3.3 Natureza da investigação: Investigação exploratória e indutiva

Devido à indisponibilidade de investigação publicada sobre o tema, a investigação é exploratória. A investigação exploratória é útil para problemas que não foram claramente definidos (Yin, 2009), pelo que esta forma de investigação é mais adequada para o tema da investigação do desempenho provável de uma ESE, uma vez que não existe investigação sobre o desempenho financeiro provável das organizações fornecedoras de EPC na Suíça. A investigação exploratória segue uma abordagem indutiva e, por conseguinte, a investigação será de natureza indutiva (Wilson, 2010).

A investigação indutiva procura obter uma boa compreensão do contexto da investigação, através da realização de uma investigação indutiva que procura explicar os significados associados aos acontecimentos, pelo que a investigação indutiva é mais adequada para a investigação qualitativa (Wilson, 2010). Será procurada uma explicação de quais são os factores de sucesso alcançados pelas empresas de serviços energéticos que fornecem CPE fora da Suíça. Para além disso, as entrevistas com especialistas também fornecerão uma visão sobre o contexto suíço da eficiência energética e do CPE.

3.4 Estratégia de investigação: Estudos de caso e entrevistas a peritos

Nas ciências sociais, existem cinco tipos de estratégias de investigação: experimental, arquivística, inquéritos e estudos de caso (Yin, 1994). A seleção de uma estratégia de investigação depende da natureza das questões de investigação, do nível de influência ou participação do investigador e do foco da investigação: acontecimentos contemporâneos ou históricos (Yin, 1994).

Quadro 3.2 Situações para diferentes estratégias de investigação. Fonte: Yin, 1994 pp.6

Estratégia de investigação	Forma da pergunta de investigação	Requer controlo sobre eventos comportamentais	Foco em eventos contemporâneos
Experiência	Como e porquê	Sim	Sim
Inquérito	Quem/o quê/onde? Quantos/quantos	Não	Sim
Arquivo	Quem/o quê/onde? Quantos/quantos	Não	Sim/Não
História	Como/porquê	Não	Não
Estudo de caso	Como/porquê	Não	Não

Foi utilizado um desenho de estudo de caso de natureza transversal para examinar os factores que determinam o desempenho financeiro das ESE que fornecem produtos semelhantes. Foi utilizada uma abordagem de estudo de caso extensivo devido à capacidade de teorizar com base nos resultados obtidos (Berg & Lune, 2012). Os estudos de caso são úteis para obter e alargar os conhecimentos num determinado domínio (Yin, 2009) e proporcionam um cenário profundo da vida real, permitindo assim a compreensão de um determinado tópico.

Para os quatro estudos de caso que foram realizados com empresas que oferecem serviços de contratação de desempenho energético, foi utilizada uma amostragem intencional. Nesta forma de amostragem, os casos selecionados foram escolhidos não por razões estatísticas, mas devido à semelhança das influências do mercado externo que têm impacto no desempenho financeiro das empresas em estudo. Os quatro estudos de caso escolhidos situavam-se fora da Suíça, em países com mercados de contratos de desempenho energético mais desenvolvidos, pelo que as conclusões destes estudos de caso tiveram de ser inseridas no contexto suíço. Ao avaliar o papel do risco no rendimento dos investidores, o fator determinante é o risco sistemático, que é determinado pela economia (Aaker & Jacobson, 1987), pelo que as condições de mercado dos países são relevantes, uma vez que a semelhança de tais categorias conceptuais tem um efeito na fiabilidade dos resultados (Eisenhard, 1989). O objetivo era examinar documentos que detalhassem o desempenho financeiro das empresas, mas devido a questões de confidencialidade, as empresas não quiseram fornecer esses documentos. No entanto, a informação foi recolhida através de entrevistas com empregados das ESE em estudo, que responderam a perguntas sobre as suas actividades comerciais.

Para além dos quatro estudos de caso de empresas de serviços energéticos, foi realizado um estudo de caso adicional de uma PME na Suíça que tinha adotado alguma forma de melhorias de eficiência energética. Foi utilizada uma amostragem selectiva para selecionar o estudo de caso da PME, o estudo de caso escolhido foi selecionado porque tinha investido em todos os diferentes tipos de investimentos em eficiência energética identificados pela TEP (2012) como adequados para as PME. O estudo de caso procurou fornecer informações sobre a utilização de energia das PME, o montante que essas empresas tinham investido para melhorar a eficiência energética e os retornos obtidos. Uma vez que os resultados foram para fins de estimativa, um inquérito de mercado detalhado teria produzido dados mais fiáveis sobre o uso real de energia das PME e a vontade das PME em participar em futuros programas EPC, no entanto, devido a limitações de tempo, tal inquérito não foi possível.

Por último, foram efectuadas entrevistas a peritos para compreender as condições de mercado na Suíça, de modo a poder comparar as condições entre os resultados obtidos e o que é provável que aconteça na Suíça.

3.5 O processo de investigação

A investigação começou com uma revisão crítica da literatura existente, no entanto, os trabalhos sobre o tema dos contratos de desempenho energético para as PMEs eram inexistentes. A revisão da literatura abrangeu factores que determinariam o sucesso financeiro dos fornecedores de CDE. Estes factores foram as condições de mercado das empresas de serviços energéticos na Suíça e na Europa como um todo, os diferentes modelos financeiros existentes na literatura para calcular a viabilidade financeira do fornecimento de CDE e os riscos financeiros associados ao fornecimento de CDE. O objetivo da revisão da literatura era compreender como os diferentes factores afectam o desempenho financeiro das ESE e contribuir para o desenvolvimento de um desenho de investigação que pudesse fornecer dados para prever os ganhos de uma ESE que fornece CPE na Suíça. Os resultados descobertos na revisão da literatura serviram de base para a formulação de diretrizes para as entrevistas e para a seleção de estudos de caso que pudessem dar resposta às questões de investigação.

A análise da literatura foi seguida de quatro estudos de caso alargados de empresas na Áustria e na Suécia. Ao conceber os estudos de caso, a intenção era entrevistar o pessoal das empresas e analisar os documentos financeiros disponíveis para apoiar as entrevistas. No entanto, as empresas não estavam dispostas a fornecer informações tão sensíveis, pelo que os estudos de caso foram reformulados de modo a assumirem a forma de entrevistas com o pessoal da ESE, tendo os dados necessários sido obtidos através dessas entrevistas. A segunda fonte de informação foi obtida através de entrevistas a peritos com outras partes interessadas no sector das EPC. Nas entrevistas com peritos, foram feitas perguntas semelhantes a consultores de energia e a um terceiro financiador de EPC, com o objetivo de contextualizar as diferentes conclusões dos estudos de caso. O objetivo era obter dados para utilizar no desenvolvimento de um modelo financeiro e identificar semelhanças e diferenças na sua perceção relativamente aos temas desenvolvidos.

3.5.1 Método de recolha de dados

As fontes de dados para entrevistas qualitativas incluem pessoas, organizações, textos publicados e não publicados, artefactos ou objectos e eventos e outras ocasiões (Mason, 2002). Para esta tese, o meio de recolha de dados foi através de estudos de caso de empresas de serviços energéticos e entrevistas com peritos em eficiência energética. Nas entrevistas a peritos, o investigador está interessado no stock de conhecimentos que o perito possui (Flick, 2009). Para o estudo de caso final da PME, o meio de recolha de dados foi através de uma análise documental. Os documentos são normalmente considerados como sendo baseados em texto, mas não têm necessariamente de o ser (Mason, 2002). O documento analisado foi a base de dados EnAW, que relatava a utilização de energia e as medidas de poupança adoptadas pela empresa durante um período de oito anos, pelo que o tipo de dados contidos neste relatório era principalmente quantitativo.

O processo de entrevista começou com a elaboração de duas diretrizes de entrevista para as ESE e para os peritos (ver anexos A e B). A primeira entrevista foi com uma ESE e foi conduzida através de uma conversa telefónica; todas as entrevistas com ESE foram conduzidas de forma semelhante; as entrevistas com peritos foram, no entanto, conduzidas através de uma entrevista presencial. As entrevistas foram gravadas e, após a realização das entrevistas, foram transcritas, tendo as transcrições sido enviadas aos parceiros da entrevista para aprovação final. A tabela 3.3 apresenta os códigos das entrevistas, o tipo de entrevista efectuada e quem foram os entrevistados. Todos os entrevistados são representados apenas pelos seus códigos.

Quadro 3.3: Quadro com as datas e os códigos das entrevistas

Código da entrevista	Tipo de entrevista	Tipo de entrevista
IP1	Entrevista com a ESCO	Através de chamada telefónica
IP2	Entrevista com o perito	Entrevista presencial
IP3	Entrevista com a ESCO	Através de chamada telefónica
IP4	Entrevista com a ESCO	Correspondência por correio eletrónico
IPS	Entrevista com o perito	Entrevista presencial
IP6	Entrevista com o perito	Entrevista presencial
IP7	Entrevista com o perito	Entrevista presencial
IP8	Entrevista com a ESCO	Correspondência por correio eletrónico
IP9	Entrevista com o perito	Entrevista presencial

3.5.2 Análise de dados

As entrevistas foram gravadas e depois transcritas e, após aprovação final dos parceiros da entrevista, as informações fornecidas foram analisadas. Na análise dos dados, foi utilizada a forma matricial de análise (ver anexos C e D). Esta forma de análise de dados apresenta os dados obtidos a partir das entrevistas de uma forma que está pronta a ser interpretada (Cassell & Symon, 2004). A análise das entrevistas começou com a codificação após a produção das transcrições. A codificação é o ato de reunir ideias, conceitos e temas semelhantes e depois categorizá-los em conjunto

(Rubin, 1998). O método de codificação utilizado foi a codificação analítica. Os pormenores fornecidos pelos peritos foram procurados e analisados. Foi desenvolvido um quadro de codificação para as ESE e para os peritos e os códigos foram depois agrupados em temas comuns que surgiram. As entrevistas subsequentes foram codificadas utilizando a mesma estrutura desenvolvida para a primeira entrevista com as empresas de serviços energéticos e os peritos. Foi desenvolvida uma estrutura temática, como se mostra no capítulo: resultados e análise. Os resultados da análise foram a fonte dos dados utilizados no cálculo dos ganhos do fornecedor de EPC proposto. Na comparação dos resultados dos estudos de caso, foi utilizada uma análise de padrões de casos cruzados. De acordo com Eisenhard (1989), a análise de padrões de casos cruzados permite ao investigador procurar semelhanças entre casos. Ao utilizar este método, o objetivo era descobrir conclusões, tácticas ou temas comuns presentes nas ESE estudadas. A informação obtida foi depois comparada com os resultados das entrevistas a peritos, o que constituiu a base para compreender as condições que determinariam o sucesso financeiro de um fornecedor de EPC

Numa fase final, foi realizado um estudo de caso de uma PME que tinha adotado alguma forma de melhoria da eficiência energética e foi realizada uma análise da base de dados sobre energia. Com base nas conclusões da secção anterior, o estudo de caso foi selecionado uma vez que reflectia um cenário ideal de uma PME em que um fornecedor de CDE poderia investir. Após a análise da base de dados, foram colocadas outras questões, nomeadamente no que respeita ao montante investido na melhoria da eficiência energética. Por fim, uma vez que o estudo de caso da PME era um estudo de caso único, foi utilizada a análise dentro do caso para analisar os dados.

3.6 Modelo financeiro

3.6.1 Variáveis

Ao avaliar as receitas das ESE que fornecem CPE, uma caraterística importante a avaliar é a quantidade de energia utilizada pelos ocupantes do edifício e a energia poupada pela ESE. A representação da energia utilizada é feita em watts, que também pode ser descrita como Joules por segundo. No entanto, a unidade de energia utilizada na faturação aos ocupantes do edifício é feita em quilowatts-hora (KWh). Esta unidade corresponde à energia utilizada pelos diferentes aparelhos do edifício durante um determinado período de tempo. Depois de identificar a energia poupada, o valor monetário dessa poupança de energia será calculado utilizando as tarifas mistas da EWZ para 2014.

3.6.2 Etapa 1: Determinação dos ganhos anuais por contrato

O primeiro passo para modelar as receitas de uma ESE que fornece EPC às PME é determinar o montante das receitas e dos custos de investimento associados a um único contrato EPC num ano. Para a receita obtida por contrato ($_{\Pi(()esco)}$) Suhonen & Okkonen (2013) identificaram a receita de uma ESCO $_{\Pi(()esco)}$ como (ver página 26):

Modelo 3.2: $$\sum_{t=1}^{t}\left(\frac{F_t - T_{Cnk}}{(1+r)^t}\right) - I_n = \Pi_{(esco)}$$

O período de retorno de investimento de todos os investimentos efectuados, incluindo os lucros, e T_{Cnk} é o custo total do fornecimento de energia ao cliente (Tn) durante o período do contrato, F_t é a taxa recebida pela ESE por ano, r é a taxa de desconto e I_n são os subsídios, caso existam. A fórmula acima representa todo o lucro do projeto durante a duração do contrato, pelo que para modelar os ganhos anuais do contrato as variáveis necessárias são:

i. F_t que representa a fonte anual de receitas do contrato e é a parte das poupanças de energia retida

ii. T_{Cnk} representa o custo total incorrido pela ESE na execução do contrato. Este custo inclui o custo do investimento na melhoria da eficiência energética, bem como os custos adicionais de transação incorridos pela ESE. No entanto, este custo não inclui os custos de funcionamento da ESE.

3.6.3 Etapa 2: Determinar o lucro anual da empresa

Uma ESE que forneça um EPC terá vários contratos, cada um dos quais poupará quantidades diferentes de energia, no entanto, para efeitos de estimativa, uma quantidade média de energia que se presume ser igualmente poupada pelos vários contratos é indicada como Avg. F_t. Partindo do princípio de que todas as receitas da ESE provêm dos seus contratos EPC, as receitas totais da ESE (R_T) são indicadas como $R_T = n \, X \, Avg. \, F_t$ onde n é o número total de projectos EPC dos quais a ESE ainda recebe receitas, n pode ser calculado como: n= $n_{new} + {}_{n(otd)}$ onde n_{new} representa os novos projectos EPC celebrados durante o ano e n_{oid} representa os projectos EPC de anos anteriores dos quais a ESE ainda obtém receitas.

Os custos totais incorridos pela ESE incluem os custos de investimento, os custos de transação e os custos de funcionamento da ESE, ou seja, o custo de funcionamento da ESE durante o ano [C_C]. Os custos totais incorridos pela ESE (C_T) são calculados da seguinte forma $C_T = {}_{n(new)} X \, Avg. \, T_{Cnk} + (C_c)$ onde $Avg. \, T_{Cnk}$ representa os custos médios de transação e de investimento por projeto EPC.

3.6.4 Etapa 3: Previsão do sucesso financeiro da ESE

Para avaliar se uma ESE que fornece EPC é viável ou não, o valor atual (PV) dos ganhos, que é o valor atual da receita total menos as despesas durante o período de tempo considerado. A taxa interna de retorno também é utilizada para determinar a taxa de desconto a partir da qual o investimento em EPC deixa de ser viável. A taxa interna de rendibilidade mede a sensibilidade dos resultados aos erros (Berke & DeMarzo, 2013). É portanto útil neste contexto, uma vez que os resultados de entrevistas e estudos de caso têm algum nível de variação. Este método é o método do fluxo de caixa descontado e é útil para avaliar se a empresa é financeiramente viável.

O valor atual dos rendimentos totais durante o período considerado (10 anos para esta tese) é calculado da seguinte forma

$$PV = \sum_{t=1}^{t} \left(\frac{R_T - C_T}{(1+r)^t} \right)$$

Um PV positivo mostra que a empresa terá lucro, enquanto um PV negativo mostra que a empresa terá prejuízo durante o período de tempo considerado.

As variáveis para o modelo financeiro acima apresentado foram então colocadas numa folha de cálculo Excel, tal como indicado no quadro 4.3.

3.7 Ética na investigação

A tese seguiu as diretrizes éticas estabelecidas pela universidade. De particular importância foi o tratamento de informação financeira sensível. Todos os participantes na tese de mestrado foram tornados anónimos e qualquer informação de identificação foi omitida. Além disso, foi dada aos participantes a autoridade final sobre o conteúdo da transcrição da entrevista.

3.8 Fiabilidade e validade

A fiabilidade reflecte a exatidão dos métodos de investigação utilizados e se estes produzem ou não dados fiáveis (Mason, 2002). Para que a investigação seja fiável, os procedimentos realizados devem ser explicitamente documentados (Flick, 2009). A validade, por outro lado, refere-se à validade da análise dos dados e à adequação dos instrumentos de investigação utilizados para atingir o objetivo da investigação (Flick, 2009), (Mason, 2002). Para que esta tese de mestrado seja fiável, o capítulo sobre a metodologia descreve explicitamente a forma como os dados foram recolhidos e analisados, bem como as razões que levaram à tomada de decisões sobre os métodos de investigação utilizados. A fim de aumentar a validade da tese, as decisões relativas aos instrumentos de investigação utilizados foram tomadas com base em informações obtidas na literatura existente sobre concepções de investigação.

CAPÍTULO 4. CONCLUSÕES

Depois de codificar a primeira entrevista com uma ESE, surgiram os seguintes temas que formaram a estrutura para analisar as entrevistas subsequentes:

Tabela 4.1: Quadro temático para entrevistas de estudo de caso com ESCOs

1. Condições de mercado na Suíça
1.1 Opinião sobre o nível de concorrência
1.2Número de empresas que oferecem serviços semelhantes
1.3Disponibilidade de empresas que fornecem EPC às PME
2. Riscos financeiros do fornecimento de EPC às PME
2.1 Riscos financeiros do fornecimento de EPC
2.2 Riscos financeiros específicos das PME
2.3 Perceção do risco pelos investidores
2.4Meios de atenuação dos riscos identificados
3. Custos e receitas
3.1Fontes de capital utilizadas no financiamento da EPC
3.2 Custo do capital utilizado no financiamento da EPC
3.3Tipos de investimentos efectuados em melhorias de eficiência energética
3.4 Duração dos contratos
3.5 Factores de custo significativos
4 Produtos e ofertas de serviços
4.1Opções de financiamento disponíveis para os clientes
4.2 Tipo de melhorias na poupança de energia efectuadas para os clientes
4.3 Outros serviços oferecidos para além da EPC

Um quadro temático semelhante foi utilizado para analisar as entrevistas conduzidas com peritos. As perguntas colocadas aos peritos eram as suas opiniões sobre como seriam as condições económicas enfrentadas pelas ESCOs na Suíça. Os temas e subtemas que surgiram ao analisar as entrevistas com os peritos foram

Quadro 4.2: Quadro temático das entrevistas com peritos

1. Condições de mercado na Suíça
1.1 Nível de concorrência no mercado
1.2 Potencial de mercado para EPC na Suíça
1.3Meios de desenvolvimento do mercado
2. Riscos financeiros do fornecimento de EPC às PME
2.1Riscos financeiros devido à natureza do mercado de EPC na Suíça
2.2Riscos financeiros na celebração de um contrato EPC com PME
2.3 Perceção do risco pelos investidores
2.4 Meios de atenuação dos riscos identificados
3. Custos e receitas
3.1Fontes possíveis de capital utilizadas no financiamento da EPC
3.2 Custo provável do capital utilizado no financiamento da EPC
3.3Possíveis tipos de investimentos efectuados em melhorias de eficiência energética
3.4 Duração preferencial dos contratos
3.5Prováveis factores de custo significativos
4. Produtos e ofertas de serviços
4.1 Modelos de EPC mais adequados ao mercado suíço
4.2 Fontes de financiamento preferenciais

Na apresentação dos resultados, foram feitas comparações entre as respostas das ESE e dos peritos entrevistados. O objetivo das entrevistas realizadas foi o de proporcionar uma compreensão dos factores que determinariam o sucesso financeiro da ESE. Os dados fornecidos pelos parceiros entrevistados também formaram a base para as suposições feitas no cálculo dos ganhos da ESE. Um quadro comum foi, portanto, desenvolvido com base nas respostas fornecidas tanto pelas ESCOs como pelos peritos e este quadro constitui a base para a apresentação dos resultados. Uma descrição detalhada do quadro comum final, bem como a definição de cada tema e subtema dentro do quadro, pode ser encontrada no apêndice E.

4.1 Condições de mercado

4.1.1 Compreender a natureza do mercado suíço de EPC

As respostas de todos os peritos entrevistados foram unânimes na opinião de que não existe um mercado de EPC em curso na Suíça. Existem alguns projectos que foram realizados, mas não há nenhuma empresa dedicada a fornecer EPC às PME. A razão para a ausência de fornecedores de CDE é a falta de conhecimento sobre o que é um CDE e como pode beneficiar os clientes. A contratação de serviços energéticos parece ser a escolha preferida; existe conhecimento sobre esta forma de contratação e existem empresas que a oferecem. Na entrevista com o PI 6, ele afirmou que o mercado bem desenvolvido de contratação de serviços de energia poderia sufocar o crescimento da CPE, uma vez que os potenciais clientes podem não estar dispostos a tentar algo novo. O IP7 também expressou que enfrenta desafios ao tentar vender CPE aos clientes, devido ao facto de os clientes não conhecerem a CPE. De acordo com a IP7, depois de passar algum tempo a vender a ideia da CPE, os clientes adoptariam as soluções de eficiência energética sem as garantias de poupança. A causa para isso, de acordo com a IP7, é o facto de a CPE ser desconhecida e o custo de financiamento dos investimentos ser mais barato se for financiado pelo cliente.

No que diz respeito às PMEs, as informações das entrevistas com as ESCOs que fornecem CDE às PMEs mostraram que é possível fornecer CDE às PMEs, embora o IP8 tenha advertido que fornecer serviços de CDE a um único segmento de mercado (PME) poderia ser restritivo e que era melhor apoiar a empresa com uma maior variedade de serviços. Os resultados dos peritos entrevistados foram, no entanto, menos optimistas, tendo o IPS e o 9 considerado que os baixos custos da energia para as PME não lhes permitiram melhorar a eficiência energética. Além disso, IPS acreditava que as PME na Suíça eram bastante eficientes do ponto de vista energético, pelo que seria difícil conseguir grandes poupanças de energia. Os IP6, 7 e 9 acreditavam que o custo do capital para os EPC entre as PMEs era uma barreira que poderia impedir as PMEs de celebrarem contratos de desempenho energético. Outro desafio identificado pelos IPS foi a dificuldade em mostrar ao cliente a quantidade de energia poupada. No entanto, o IP7 afirmou que existiam protocolos que davam orientações sobre a medição e verificação da energia poupada nos contratos EPC

4.1.2 Como o mercado pode ser desenvolvido

Embora todos os parceiros nas entrevistas com especialistas tenham afirmado que não havia mercado para CPE na Suíça, a maioria dos especialistas acreditava que, com um grande esforço gasto no desenvolvimento do mercado, há uma possibilidade de fornecer CPE com sucesso às empresas. De acordo com o IP5, há muitos programas em curso da EnAW, Klik, Oko-kompass para melhorar a sensibilização para a melhoria da eficiência energética e estes programas levaram à sensibilização das empresas sobre o tema da redução do consumo de energia, a lacuna de conhecimento, portanto, existe na área de EPC e não na eficiência energética como um todo. Embora a maioria das empresas conheça a eficiência energética, a IP9 foi da opinião de que as pequenas PME não tinham interesse em melhorar a eficiência energética devido às poucas poupanças financeiras que estes investimentos poderiam gerar com a redução das suas facturas de energia, que representam uma pequena parte dos seus custos globais. Várias soluções para desenvolver o mercado foram apresentadas nas entrevistas. IP2 sugeriu a prestação de serviços de apoio ao cliente em matéria de eficiência energética com o EPC anexado como um serviço adicional, IPS sugeriu abordar os clientes e mostrar-lhes como o EPC poderia beneficiar as suas organizações, IPS também sugeriu fazer parte do esquema EnAW e ter acesso aos clientes através da rede EnAW. IP7 afirmou que a construção do mercado suíço de CDE era um grande desafio para um único fornecedor de CDE e que era preferível ter um esforço coordenado com a associação de empresas de serviços de energia que estava a tentar construir a indústria. Por último, o IP9 era de opinião que a oferta de benefícios não relacionados com a energia, como a melhoria do conforto, em especial às pequenas PME para as quais a redução das suas facturas de energia não era importante devido ao seu baixo consumo de energia, poderia proporcionar os incentivos necessários para motivar essas empresas a melhorar a eficiência energética.

Uma descoberta que resultou das entrevistas efectuadas foi o papel que as instituições públicas poderiam desempenhar na sensibilização para os EPC. As instituições públicas que celebram contratos EPC parecem ser essenciais para o desenvolvimento do mercado. De acordo com o IP7, o sistema federal da Suíça poderia tornar alguns estados particularmente adequados para a EPC, segundo ele alguns cantões têm menos dinheiro para gastar em renovações e melhorias de eficiência energética e a EPC poderia fornecer o capital necessário. O IP6 também expressou uma opinião semelhante, segundo ele, o CPE é mais adequado para os organismos públicos, uma vez que o facto de não terem de fazer investimentos imediatos liberta capital para outras despesas. Os peritos que referiram o papel dos organismos públicos no desenvolvimento do mercado de CDE (IP6 e IP7) reconheceram que existem barreiras institucionais que impedem as instituições públicas de celebrar contratos de CDE e que essas barreiras são a falta de conhecimento sobre CDE e os processos de concurso restritivos. De acordo com o IP6, para que o mercado de CDE se desenvolva, é também necessário que haja um aumento do número de empresas de consultoria que forneçam informações sobre os procedimentos de concurso e de medição e verificação.

4.2 Riscos financeiros no fornecimento de EPC às PME

Um dos principais riscos financeiros enfrentados por todas as ESE entrevistadas foi o risco de não atingir as poupanças de energia garantidas. Nas palavras do PI 3, *"é óbvio que temos o risco de garantir a utilização dos serviços públicos depois"*. A dificuldade com a medição e a verificação, particularmente no estabelecimento das condições de base, representa um risco de não garantir as poupanças de energia que podem ser alcançadas. O grau de risco de não atingir as poupanças exigidas varia, por exemplo, IP7 afirmou que este risco era muito baixo, enquanto IP 1 afirmou que este risco estava entre os riscos mais significativos enfrentados pela sua empresa. Outro risco enfrentado de acordo com o PI 1 foi a má gestão do projeto, segundo o PI 1: *"a má gestão do projeto afecta os riscos e os custos e, por conseguinte, as margens de lucro"*. O longo período de vendas foi outro risco identificado por IP8. IP7 também identificou um problema semelhante ao afirmar que, por vezes, depois de passar pelo longo processo de convencer um cliente a melhorar a eficiência energética, este opta por financiar o projeto ele próprio. IP9 também sugeriu que um risco semelhante poderia ocorrer, ele afirmou: *"A ESE também enfrenta o risco de a empresa apenas recorrer à ESE para saber como podem ser feitas melhorias e depois financiar ela própria os investimentos quando souber que melhorias podem ser feitas"*. IP8 afirmou que o longo processo entre a venda do EPC ao cliente e a aquisição de receitas poderia causar uma crise de liquidez na empresa. Este risco pode ser grave se a empresa financiar projectos de EPC a partir do seu fluxo de caixa.

Embora o risco de não conseguir poupanças garantidas tenha sido identificado por todas as ESE, os riscos relacionados com as incertezas sobre o futuro da PME foram identificados pela maioria dos peritos como o risco mais grave que uma ESE enfrentaria. Estas incertezas estão principalmente relacionadas com a possibilidade de a PME falhar durante o período do contrato, nas palavras de IP2: *"o maior risco é que a PME falhe e deixe de existir. Pode ter-se um contrato de longo prazo, mas a PME pode não estar presente daqui a três ou cinco anos"*. O IP9 expressou uma opinião semelhante e afirmou que estas incertezas vão para além do possível colapso da PME, nas suas palavras: *"a PME pode ir à falência, mas provavelmente o risco mais grave é que, durante o período do contrato, mude o método de produção ou mude para um edifício diferente"*. De acordo com o IP6, estas incertezas podem ser um desincentivo para as empresas celebrarem contratos EPC, nas suas palavras: *"Nesta era de incerteza económica, muitas empresas não querem comprometer-se a fazer pagamentos regulares, mesmo que sejam pagos através de poupanças, pois não sabem se daqui a 5 anos terão de fechar uma fábrica."* Quanto à forma de gerir estes riscos, a IP3 afirmou que, na sua empresa, este risco é abordado através de uma seleção cuidadosa dos clientes. Os registos financeiros da PME são avaliados e é tomada uma decisão com base no nível de risco.

A perceção do risco no fornecimento de EPC às PMEs foi outra área de interesse, porque o nível de risco reflecte-se nos juros exigidos e isto determina o custo do capital. Duas das quatro ESE que se dispuseram a revelar a forma como financiam os seus projectos recorreram a diferentes fontes de financiamento para os seus projectos de CDE; a IP3 afirmou que, enquanto empresa, o que lhes interessava era a melhor forma de utilizar os seus recursos (capital), pelo que recorriam a empréstimos de bancos e de terceiros ou a dinheiro proveniente do seu próprio fluxo de caixa; a IP1 era financiada por bancos e outros investidores privados. As opiniões sobre a perceção do risco variavam; o PI2 acreditava que existiam fundos dispostos a financiar tais investimentos a taxas razoáveis. Em contradição com a opinião de IP2, IPS e 7 acreditavam que as instituições financeiras não tinham ideia sobre EPC, de acordo com IPS, nenhum banco estaria disposto a financiar um fornecedor de EPC e o financiamento de investimentos em energia envolveria taxas de juros pouco atractivas. Além disso, o IP6, cuja empresa é um terceiro financiador de projectos EPC, afirmou que a perceção de risco no financiamento das PME é elevada e, por conseguinte, o financiamento de tais projectos pode exigir taxas de juro consideradas pouco atractivas. O IP9 também expressou uma opinião semelhante, acreditando que as instituições financeiras estariam dispostas a financiar projectos EPC, mas a uma taxa de juro relativamente elevada. Medidas para mitigar os riscos, tais como ter diversidade nos clientes de CDE, como sugerido pelo IP2, poderia ser um aspeto fundamental na aquisição de capital necessário para a entrega de CDE a preços acessíveis. Outra sugestão do IPS sobre formas de aumentar a confiança dos investidores inclui o uso do modelo de poupança garantida em que o cliente financia os investimentos e a ESE oferece a garantia.

4.3 Produtos e ofertas de serviços

A partir das entrevistas realizadas, pode dizer-se que qualquer fornecedor de CPE proposto deve oferecer outros serviços, quer como uma alternativa ou como um serviço adicional à CPE. Todos os dois parceiros entrevistados (IP1 e IP7) que estavam envolvidos na prestação de alguma forma de CPE na Suíça tinham o CPE como uma opção de financiamento para a venda dos seus equipamentos de poupança de energia. Entrevistas com especialistas também corroboraram a opção de fornecer o CPE como um serviço adicional como sendo preferível; de acordo com IP2 devido ao estado do mercado na Suíça; com o CPE sendo desconhecido; seria aconselhável fornecer serviços de apoio ao cliente, além da contratação de fornecimento de energia que é bem aceite com o CPE como um serviço adicional. O IPS sugeriu que o proprietário do edifício investisse na melhoria da eficiência energética enquanto a ESE oferecia a garantia de poupança, no entanto, advertiu que este modelo de CPE não poderia ser aplicado a todas as PME, uma vez que muitas PME são apenas inquilinas e não são proprietárias do edifício que ocupam. De acordo com o IPS, a opção de ter o proprietário do edifício a financiar o investimento tem a vantagem de reduzir os custos de financiamento, uma vez que tais investimentos em eficiência energética são considerados como investimentos em edifícios e, portanto, têm taxas de juros mais baixas, este modelo de CDE também ajuda a cumprir o desejo das PMEs de investir em eficiência energética, a fim de controlar o quanto eles investem e os riscos a que estão expostos, o que foi considerado como uma barreira para a opção de ter a ESE a investir pelo IP7, as PMEs também não terão que fazer pagamentos regulares, que foi uma barreira identificada pelo IP6. IP9, no entanto, afirmou que mesmo as baixas taxas de juro obtidas pelo facto de ter o edifício como garantia poderiam ser da ordem dos 4%-5%, o que, na sua opinião, é relativamente elevado.

Outro tópico de consideração foi a natureza dos investimentos feitos pelas ESE para reduzir o consumo de energia. Os resultados das entrevistas com as ESE e os peritos revelaram que os investimentos são normalmente efectuados no edifício. Os possíveis tipos de investimentos, de acordo com as ESE e os peritos entrevistados, incluem iluminação, ventilação, recuperação de calor, máquinas individuais como geradores de calor, ar pressurizado, sistemas de refrigeração e ventilação. No entanto, o IP7 afirmou que a sua empresa investe parcialmente na produção. De acordo com o IP7, a sua empresa investiria, por exemplo, na produção de água fria para satisfazer as necessidades das máquinas que necessitam de um elevado consumo de água; estes investimentos são efectuados na empresa e não no edifício. As opiniões sobre a celebração de contratos de desempenho energético no sector do aquecimento variam, tendo o IP5 afirmado que os contratos que implicam uma renovação extensiva, por exemplo, a substituição de janelas, etc., são difíceis de avaliar, uma vez que o objetivo não é necessariamente reduzir o consumo de energia, mas também melhorar o conforto. A melhoria do conforto é um exemplo de um benefício não relacionado com a energia que, segundo o IP9, poderia motivar as pequenas empresas, para as quais uma fatura energética reduzida não era motivação suficiente para melhorar a eficiência energética devido ao seu baixo consumo de energia. Em contraste com a opinião do IPS, o IP3 afirmou que as EPC na Suécia estavam principalmente envolvidas em sectores com grandes necessidades de renovação e recomendou a existência de contratos de desempenho tanto para o consumo de eletricidade como para a renovação extensiva que melhorasse o aquecimento do edifício.

4.4 Receitas e custos de um fornecedor de CDE

A rentabilidade de uma ESE que ofereça EPC depende de certas incertezas, sendo as mais significativas a quantidade de energia poupada por cada cliente e o custo da eletricidade (Deng, Jiang, Zhang, & Cui, 2015). A forma como estes factores afectariam uma empresa de serviços energéticos na Suíça foi explorada em entrevistas com peritos.

4.4.1. Potencial de mercado e poupança de energia

Foi solicitada uma estimativa do potencial de mercado aos peritos durante a entrevista e as respostas dadas foram muito diversas, tendo-se concluído que existe um mercado disponível se forem envidados esforços significativos para o desenvolver. As estimativas fornecidas para o potencial de mercado de um único fornecedor de EPC variaram entre 200 contratos e 2 000 contratos, numa resposta dada pela IP1, e não milhares de contratos, mas provavelmente algumas centenas, pela IP5. A ideia mais fiável do número de clientes que uma ESE pode ter vem do IP7, cuja empresa é um dos poucos fornecedores de EPC na Suíça, que afirmou ter conhecimento de cinco projectos EPC em curso. O fornecimento de soluções energéticas únicas, por exemplo, na área da iluminação, pode fornecer mais clientes, o que se presume porque IP1 afirmou que tinha contratos em todos os segmentos de negócios, incluindo PMEs, embora não estivesse disposto a partilhar informações sobre o número de contratos que a sua empresa tem na Suíça.

Foi também investigada a quantidade de energia que pode ser poupada pelos clientes, tendo todos os peritos indicado uma poupança mínima de 10% no consumo de eletricidade. A poupança conseguida é superior a 10% quando se considera também o aquecimento. O IP7 afirmou que se pode conseguir uma poupança de energia de 25%-30% e que, quando se melhora o armazenamento de água fria, a poupança de energia pode chegar aos 40%. O IP1, cuja empresa se centra na instalação de iluminação energeticamente eficiente, afirmou que as reduções de energia conseguidas através da melhoria da iluminação podem situar-se entre 50%-70% da eletricidade utilizada pelas luzes. IP3, uma ESE na Suécia, afirmou que a quantidade de energia poupada pela sua empresa se situava entre 20% e 60% da eletricidade e do consumo de energia, embora tenha advertido que estas poupanças eram específicas da Suécia e que, com condições ambientais diferentes, o consumo de energia e as poupanças poderiam ser diferentes na Suíça.

4.4.2 Evolução dos preços da energia

Foi perguntado aos peritos como esperavam que fosse a evolução dos preços da energia nos próximos dez anos. As respostas recebidas sugeriam que os preços da energia eram voláteis, uma vez que dependiam das políticas governamentais e das condições do mercado internacional, nomeadamente no que respeita aos preços do petróleo. A dependência do processo energético em relação a questões geopolíticas foi confirmada quando a última entrevista efectuada (IP9) afirmou *Se queremos combater as alterações climáticas, temos de reduzir as emissões de CO2 e, se queremos reduzir as emissões, temos de reduzir a queima de combustíveis fósseis, o que inevitavelmente provocará um aumento dos preços da energia, em particular do carvão, do petróleo, do gás e, certamente, da eletricidade".* No entanto, na opinião dos IP2 e 7, a curto prazo, não se prevêem grandes alterações nos preços da eletricidade e os preços da energia deverão manter-se baixos.

4.5 Custos associados ao fornecimento da CPE

Foi perguntado aos entrevistados que outros custos significativos as ESCOs enfrentavam, para além do custo de investir na redução do consumo de energia dos clientes. O custo das vendas deverá ser elevado, uma vez que é necessário um grande esforço antes de se conseguir finalmente um contrato. Este esforço é feito para convencer o cliente a celebrar o contrato de desempenho energético, prever as poupanças de energia e estabelecer condições de base. O custo de desenvolvimento do mercado também deverá ser elevado, particularmente significativo porque o CDE é desconhecido na Suíça e é necessário um grande esforço para apresentar o CDE aos potenciais clientes e mostrar como podem beneficiar dele. Os peritos entrevistados foram questionados sobre o custo provável do capital para fornecer CDE às PME, o PI 2 esperava que as taxas de juro se situassem entre 5%-6%, enquanto os PI 5 e 6 esperavam que o custo do capital para as PME fosse elevado devido aos riscos envolvidos; estimaram que os retornos necessários sobre o investimento seriam de 8% .

Perguntou-se às ESE entrevistadas qual a duração normal dos seus contratos. O objetivo desta pergunta era avaliar o tempo que as empresas demoram a recuperar os seus investimentos. As respostas dadas variaram entre uma média de 5 anos pela IP1, cuja empresa fornece EPC como uma opção de financiamento para vender a sua tecnologia de iluminação, e 7 a 10 anos para a IP3 e 8, cujas empresas oferecem formas mais alargadas de eficiência energética . Foi feita uma pergunta semelhante aos peritos entrevistados sobre a duração dos contratos de desempenho energético na Suíça. A resposta comum foi entre 4 e 8 anos. O IP 2 afirmou que os contratos não deveriam ser superiores a 8 anos, mas entre 4 e 8 anos, os IP 5 e 6 sugeriram que os contratos deveriam ser entre 4 e 6 anos e o IP7 sugeriu que os contratos fossem entre 4 e 7 anos para clientes privados e não mais de 12 anos para instituições públicas. Segundo a IP7, os custos de financiamento tornam-se demasiado elevados após os anos indicados.

4.6 O estudo de caso de uma PME

Breve descrição

A PME do estudo de caso é uma empresa familiar que produz e importa bebidas espirituosas e outras bebidas. A empresa está sediada no Cantão de Zurique e faz parte do modelo de PME do programa EnAW desde 2009.

Utilização de energia

A quantidade total de eletricidade utilizada pela empresa foi reduzida de 243 800 KWh em 2008, antes de a empresa aderir ao programa EnAW, para 189 255 KWh em 2014, o que representa uma diminuição de 21,6% no consumo de energia. Além disso, a utilização de óleo de aquecimento foi interrompida e a empresa utiliza atualmente gás natural. Em 2008, a empresa utilizou 47 000 litros de óleo de aquecimento, mas atualmente não utiliza óleo de aquecimento. A empresa utiliza atualmente 299 092 kwho de gás natural.

Segue-se um quadro que resume as soluções de poupança de energia adoptadas pela empresa e as poupanças estimadas daí resultantes. O quadro mostra os montantes que se estima terem sido poupados após a adoção de medidas de melhoria da eficiência energética. As medidas implementadas incluem tanto instalações técnicas como mudanças de comportamento. O quadro apresenta igualmente outras alterações propostas que ainda não foram implementadas. O total de energia poupada em 2014 é de 24 7195 KWh. O montante total investido pela PME é de CHF 190 730,00. No estudo de caso, foi gasto um montante de CHF163 000,00 na caldeira, o que gerou uma poupança total de 43,26 MWh desde 2011, ou uma média de 14,42 MWh por ano. Isto traduz-se numa poupança anual de CHF 2 451,40, sendo o período de recuperação deste investimento superior à duração dos contratos de desempenho energético. Outros investimentos em iluminação ainda não

adoptada pela PME no estudo de caso foi citada pelos parceiros da entrevista como áreas preferenciais para investir na redução do consumo de energia. Na avaliação da utilização de energia efectuada por um consultor externo em nome da PME, em 2011, se a empresa tivesse investido CHF9.800,00 na substituição de 98 lâmpadas, a PME teria poupado 54,53MWh de energia, o que se traduz numa poupança anual de CHF 3.090,03. Os custos incorridos pela PME consistem no montante investido na substituição do novo equipamento e em todos os outros custos associados ao investimento.

Tabela 4.3 Descrição das soluções de poupança de energia. Fonte: Dados da base de dados EnAW das PME

ITEM	DESCRIÇÃO	POUPANÇA ESTIMADA kwh	ANO DE IMPLEMENTAÇÃO	MONTANTE INVESTIDO (CHF)
	<u>**Estudo de caso :**</u> <u>**Análise do consumo de energia das PME**</u>			
1	Substituição de um único gerador de calor/caldeira	32 609	2011	163,000
2	Alterar o sistema de ventilação da sala dos servidores para uma abertura de entrada de ar com ventoinha e uma saída de ar superior	11 522	2010	300

3	Isolamento térmico de cerca de 20 partes de válvulas, bombas e tubagens não isoladas	5,051	2011	Incluído em 1
4	Isolamento térmico de cerca de 20 partes de válvulas, bombas e tubagens não isoladas no edifício da administração	4,731	2011	Incluído em 1
5	Desativar a utilização de um único radiador	2,174	2010	12,080
6	Desligar o aquecedor	543	2010	300
7	Substituição de todas as válvulas termostáticas no edifício da administração	21,937	2010	Incluído em 5
8	Mudança dos controlos da caldeira (logística UV, circulador intermédio)	870	2011	Incluído em 1
9	Cobertura parcial dos exaustores do edifício administrativo	1,000	2010	11,000
10	Aumentar a temperatura da sala dos servidores de 20 para 26 graus	1,413	2010	100

ITEM	DESCRIÇÃO	ENERGIA POUPADA kwh	ANO DE IMPLEMENTAÇÃO	MONTANTE INVESTIDO (CHF)
11	Desativação do arejamento do corredor em frente à sala das caldeiras	6,167	2010	50
12	Utilização do calor recuperado do ar de exaustão para aquecer uma divisão	6,000	2011	Incluído em 1
13	Cobertura parcial dos exaustores do edifício administrativo	5,435	2010	1000
14	Substituir a ventilação dos roupeiros e vestiários por um sistema de ventilação que utilize a recuperação de calor	15,217	2011	38 000
15	Substituir três ventiladores de teto para reduzir o volume de ar do WC, dos duches, da sala da caldeira, da	131 226	2011	Incluído em 9

	cave e do arquivo			
16	Poupanças de eletricidade obtidas com a substituição de três ventiladores de telhado	1,300	2011	Incluído em 9
TOTAL DAS ACÇÕES EXECUTADAS		**247 195**		**225 830**
	<u>Outras soluções de elevada poupança de energia ainda não implementadas</u>			
17	Substituir a iluminação atual do armazém por luzes LED	26 250		98 lâmpadas @100 por tubo
18	Substituição de lâmpadas na produção 26 279	26 279		

No estudo de caso, a PME fez os investimentos por si própria e, como tal, os períodos de retorno para alguns investimentos são mais longos do que o que poderia ser adequado para um projeto EPC. Para modelar as receitas e despesas de uma ESE, apenas os investimentos com um período de retorno para a ESE de oito anos ou menos são considerados aceitáveis. O período de retorno de 8 anos foi escolhido com base nas respostas sobre a duração dos contratos de desempenho energético . Para determinar o que investir, foi utilizado o modelo de Suhonen & Okkonen (2013) para determinar se cada investimento é viável para a ESE.

Quadro 4.4: Retorno do investimento efectuado pela PME

Investimento	Montante investido (CHF)	valor das poupanças anuais (CHF)	$\sum_{t=1}^{t}\left(\frac{Fk-T_{Cnk}}{(1+r)^t}\right) - I_n = \Pi_{(esco)}$ por. Suhonen & Okkonen (2013)
1,3,4,8,12	163 000	2,791.00	CHF-155 316,77
2,	300	489.69	CHF 1.048. 05
5,7	12 080	1,024.72	CHF-925.09
6	300	128.23	CHF 53.00
9.15,16	11 000	8,056.30	11 177,85 FRANCOS SUÍÇOS

10	100	48.58	CHF 33,73
11	50	262.10	671,52 FRANCOS SUÍÇOS
13	1000	230.99	CHF-364,12
14	38 000	862.30	CHF-35 195,06
17,18	9800	2,976.64	CHF-2,9805.73

4.7. Previsão do desempenho financeiro de um fornecedor de EPC na Suíça

4.7.1 Etapa 1: Estabelecer pressupostos razoáveis

O estudo de caso de uma PME, as entrevistas efectuadas e os dados da revisão da literatura constituíram a base para a definição dos pressupostos utilizados no modelo financeiro. Os pressupostos adoptados são os seguintes:

i. O número de contratos que o fornecedor de CDE pode celebrar num ano é estimado em cerca de 20 projectos por ano, com uma taxa de crescimento anual de 2%. Este pressuposto baseia-se principalmente nas experiências do IP7, que afirmou ter conseguido convencer 2 empresas a celebrar contratos de desempenho energético e ter conhecimento de mais 3. No entanto, ele afirmou que não estava ativamente à procura de clientes, pelo que se pode assumir que o número de clientes poderia ser muito maior se a empresa investisse fortemente no desenvolvimento do mercado. Com 20 contratos por ano e uma taxa de crescimento das vendas de 2%, o fornecedor de EPC teria celebrado um número total de 219 contratos. O número de 219 contratos aproxima-se do valor conservador de 200 contratos indicado pelo IP2, embora este tenha afirmado que o número poderia atingir os 2000.

ii. O montante das poupanças de energia obtidas por contrato e o montante investido foram obtidos a partir do estudo de caso. O estudo de caso é representativo dos clientes-alvo do fornecedor de CDE, uma vez que a maioria dos investimentos efectuados são genéricos e não específicos de qualquer indústria específica, como tal, investimentos semelhantes podem ser feitos na maioria das PMEs, portanto, o pressuposto é feito que economias de energia semelhantes e os investimentos correspondentes podem ser esperados de todos os contratos celebrados. No entanto, nem todos os investimentos feitos pela PME são adequados para EPC, isto porque os períodos de retorno em alguns dos investimentos são muito longos, portanto, apenas os investimentos com um retorno positivo usando o modelo de Suhonen & Okkonen (2013) mostrado na tabela 4.2 são considerados. A quantidade total de energia economizada anualmente de todos os investimentos financeiramente viáveis é de 49,41 MWh, que se traduz em CHF 8.399,70 usando as tarifas mistas da EWZ para 2014 (Stadt Zurich, 2015). Assumindo que 50% da quota de poupança de energia é o rendimento da ESE, isto traduz-se numa receita anual de CHF 4.199,85 por contrato.

Os custos para chegar aos clientes foram estimados em CHF 2000, utilizando a estimativa de IP9, que afirmou conhecer um valor estimado de 4.000 euros necessário para chegar às pequenas empresas, mas que este valor era demasiado elevado. Relativamente ao número de empregados, IP5 afirmou que, para se concentrar em medidas específicas, cerca de dez empregados com conhecimentos sobre elementos de construção poderiam ser adequados, mas para se concentrar numa vasta gama de medidas de poupança de energia a empresa necessitaria de mais de 10 empregados, talvez até 25. Devido ao baixo número de contratos esperados, foi utilizado um pressuposto de 4 empregados. Assume-se também que, por cada 100 contratos adicionais, seriam necessários mais empregados e, nesse caso, seria acrescentado um empregado por cada 100 contratos adicionais. O custo do capital é considerado como um rendimento de 8% solicitado pelos mutuantes. Este pressuposto foi obtido com base nas opiniões dos peritos entrevistados. Prevê-se que a rendibilidade exigida seja elevada devido à longa duração prevista dos contratos, que é de 8 anos.

iii. A duração do contrato foi assumida como sendo de 8 anos e este valor foi obtido com base na opinião de peritos. Devido à natureza extensiva das melhorias de eficiência energética efectuadas no estudo de caso, espera-se um longo período de retorno do investimento e, como tal, foi utilizado o número máximo de anos que o EPC deve durar, tal como sugerido pelos peritos.

Quadro 4.4 Pressupostos para a modelação das receitas

Variável	Pressuposto	Fonte
Número de clientes no primeiro ano	10-50	De entrevistas
Custos energéticos	17 000 por 100 MWh	Tarifas mistas da EWZ para 2014
Poupança total de energia por contrato	49,41MWh	A partir de um estudo de caso de uma PME
Montante investido por contrato + custo das mercadorias vendidas	11 750,00 CHF	A partir de um estudo de caso de uma PME
Receitas anuais do fornecedor de EPC	4 199,85 FRANCOS SUÍÇOS	A partir de um estudo de caso de uma PME
Número de empregados	4	Pressuposto baseado na resposta dos parceiros de entrevista
Custos fixos	150 000 CHF	Assumido
Custos de pessoal	372 500 FRANCOS SUÍÇOS	Estatísticas suíças (Schweizerische Eidgenossenschaft, 2015)

4.7.2 Etapa 2: Modelação das receitas e despesas da empresa

Com base nos pressupostos acima referidos, o montante das receitas e despesas incorridas por uma ESE que fornece EPC na Suíça é previsto através da modelação das receitas e despesas anuais ao longo de 10 anos, o que foi feito numa folha de cálculo Excel, como se mostra abaixo. Uma explicação detalhada da lógica por detrás do modelo é apresentada no capítulo 3.6.

4.7.3 Limitações do modelo

O modelo tem uma limitação importante que é o facto de não ter em conta todas as receitas após os primeiros dez anos. Durante o período de tempo considerado, teriam sido efectuados investimentos cujos rendimentos ainda não foram recebidos. No modelo abaixo, apenas os contratos EPC dos dois primeiros anos terminaram e os contratos em que a ESE investiu do terceiro ao décimo ano ainda estão a decorrer e a gerar receitas que o modelo ignora.

Tabela 4.5: Modelo financeiro de uma organização de fornecimento de EPC

Investment costs+COGS	CHF 1,237,500.00	CHF 1,262,250.00	CHF 1,287,495.00	CHF 1,313,244.90	CHF 1,339,509.80	CHF 1,366,299.99	CHF 1,393,625.99	CHF 1,421,498.51	CHF 1,449,928.48	CHF 1,478,927.05
Personnel costs	CHF 373,520.00	CHF 373,520.00	CHF 373,520.00	CHF 373,520.00	CHF 373,520.00	CHF 373,520.00	CHF 373,520.00	CHF 373,520.00	CHF 373,520.00	CHF 373,520.00
Fixed costs	CHF 150,000.00	CHF 150,000.00	CHF 150,000.00	CHF 150,000.00	CHF 150,000.00	CHF 150,000.00	CHF 150,000.00	CHF 150,000.00	CHF 150,000.00	CHF 150,000.00
Payout due to shortfalls	CHF -	CHF -	CHF -	CHF -	CHF -	CHF -	CHF -	CHF -	CHF -	CHF -
Total expenses	CHF 1,761,020.00	CHF 1,785,770.00	CHF 1,811,015.00	CHF 1,836,764.90	CHF 1,863,029.80	CHF 1,889,819.99	CHF 1,917,145.99	CHF 1,945,018.51	CHF 1,973,448.48	CHF 2,002,447.05
Revenue	CHF 377,986.50	763532.73	CHF 1,156,789.88	CHF 1,557,912.18	CHF 1,967,056.93	CHF 2,384,384.56	CHF 2,810,058.76	CHF 3,244,246.43	CHF 3,309,131.36	CHF 3,375,313.99
Total revenue(-shortfalls and payouts)	CHF 377,986.50	CHF 763,532.73	CHF 1,156,789.88	CHF 1,557,912.18	CHF 1,967,056.93	CHF 2,384,384.56	CHF 2,810,058.76	CHF 3,244,246.43	CHF 3,309,131.36	CHF 3,375,313.99
Contribution (towards personnel costs and fixed co	CHF -859,513.50	CHF -498,717.27	CHF -130,705.12	CHF 244,667.28	CHF 627,547.13	CHF 1,018,084.57	CHF 1,416,432.76	CHF 1,822,747.92	CHF 1,859,202.88	CHF 1,896,386.93
Wages for 4 employees	373520	373520	373520	373520	373520	373520	373520	373520	373520	373520
Number of workers after 100 contracts	0	0	0	0	0	0	0	0	0	0
Wage of extra workers	0	0	0	0	0	0	0	0	0	0

4.7.2 Avaliação da viabilidade do fornecedor de CPE

O método do fluxo de caixa descontado foi escolhido como o meio mais adequado para decidir se a empresa é capaz de cumprir as suas obrigações financeiras. Este método de avaliação procura atribuir um valor à empresa com base na quantidade de dinheiro que a empresa irá gastar e receber (Berke & DeMarzo, 2013). Ao utilizar o fluxo de caixa descontado, é possível incorporar informações que determinam a rentabilidade da empresa e realizar análises de sensibilidade para saber como o lucro projetado se altera quando as premissas mudam (Berke & DeMarzo, 2013). A taxa de desconto utilizada foi obtida a partir do custo médio ponderado de capital, assumindo-se que a empresa é totalmente financiada por dívida e que não existe financiamento por capitais próprios, no entanto é de referir que devido aos riscos associados à prestação de EPC, os investidores normalmente insistem que alguma forma de investimento em capitais próprios seja efectuada pela ESE (International finance corporation, 2011). Para esta tese foi utilizada uma taxa de desconto de 8%. Excluindo os impostos, estima-se que a ESE terá uma perda de CHF 2.944.042,21.

Tabela 4.6: Ganhos de uma ESCO que fornece EPC a PMEs

Discount rate (r)= 8%

	Year	Discount factor $1/(1+r)^t$	Revenue	Expenses	Net cash flow	Discounted cash flow (Present value)
t =	0	1	83997.00	798520.00	-714523.00	-714523.00
t =	1	0.925925926	169673.94	804020.00	-634346.06	-587357.46
t =	2	0.85733882	257064.42	809630.00	-552565.58	-473735.92
t =	3	0.793832241	346202.71	815352.20	-469149.49	-372425.99
t =	4	0.735029853	437123.76	821188.84	-384065.08	-282299.30
t =	5	0.680583197	529863.24	827142.22	-297278.98	-202323.08
t =	6	0.630169627	624457.50	833214.67	-208757.16	-131552.42
t =	7	0.583490395	720943.65	839408.56	-118464.91	-69123.14
t =	8	0.540268885	735362.52	845726.33	-110363.81	-59626.13
t =	9	0.500248967	750069.77	852170.46	-102100.68	-51075.76
	L_{12}		-			
Net present value of all revenue						CHF - 2,944,042.21

4.7.3 Análise de sensibilidade

O sucesso financeiro depende em grande medida do número de clientes a quem a ESE pode fornecer serviços EPC e, como tal, a análise de sensibilidade centrar-se-á na forma como os ganhos projectados se alteram com uma mudança no número de clientes. A partir da análise de sensibilidade, para que a ESE seja financeiramente viável, precisaria de 90 clientes no seu primeiro ano, com um crescimento anual de vendas de 2%, levando a um total de 986 contratos durante o período de 10 anos. Os resultados da análise de sensibilidade são mostrados na figura 4.1 abaixo:

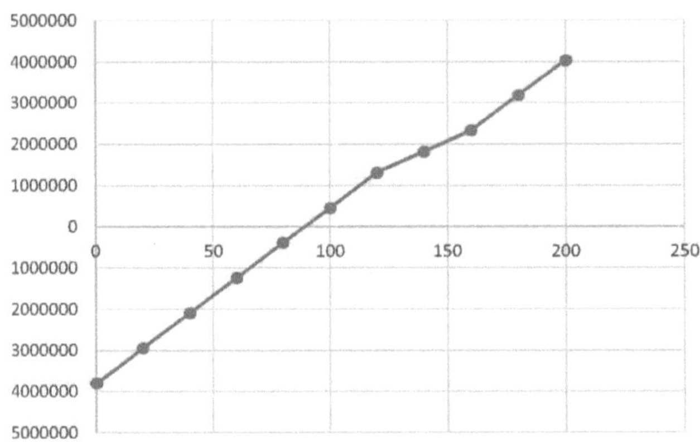

Eixo Y: Receitas

Eixo X: Número de contratos no primeiro ano

Figura 4.1: Lucro de uma empresa fornecedora de EPC em função do número de clientes no seu primeiro ano.

O fluxo de caixa atualizado também é influenciado pela taxa de desconto utilizada e, como tal, é realizada uma análise de sensibilidade para mostrar como o fluxo de caixa se altera com uma mudança na taxa de desconto e no número de clientes, conforme mostrado abaixo. A Figura 4.2 mostra que, a uma taxa de desconto de 4%, o fornecedor de CDE pode obter lucros com 80 clientes a uma taxa de crescimento de 2% (876 contratos totais ao longo de 10 anos). Embora este valor seja provavelmente inatingível, os resultados mostram que o rendimento de um fornecedor de CDE depende fortemente da taxa de juro. Por conseguinte, os resultados mostram que, com decisões de investimento sólidas, é possível gerar receitas suficientes para recuperar o montante de dinheiro investido em projectos de CDE, tal como indicado no quadro 4.2. No entanto, o excesso de receitas após a recuperação do montante investido não é suficiente para cobrir as despesas adicionais necessárias para o funcionamento de uma empresa.

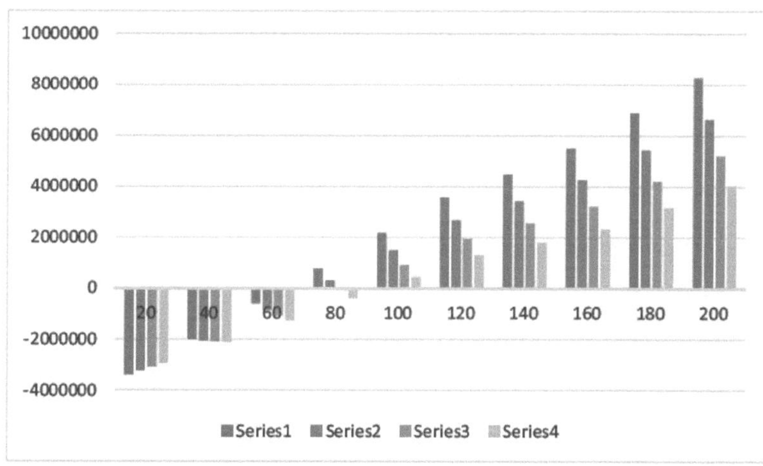

Série 1: taxa de desconto de 4%
Série 2: taxa de desconto de 4%
Série 3: 6% de taxa de desconto
Série 4: desconto de 8% taxa

Eixo X: Número de contratos

Eixo Y: Ganhos

Figura 4.2: Lucro de uma empresa fornecedora de EPC em função do número de clientes no primeiro ano e da taxa de desconto.

4.8. Modelos alternativos de EPC adequados às PME

A maioria dos peritos sugeriu o agrupamento de uma única forma de melhoria da eficiência energética como uma forma de CPE que poderia ser financeiramente viável. A forma mais sugerida de melhoria energética foi a substituição das luzes existentes por luzes mais eficientes do ponto de vista energético. No entanto, utilizando os dados obtidos da PME, a ESE não recuperará os seus investimentos num período de 8 anos. Utilizando os dados da PME, o fornecimento de EPC para sistemas de ventilação é a opção preferida. A duração dos contratos para estes contratos de desempenho energético poderia ser menor (6 anos assumidos) e, como tal, a ESE poderia adquirir capital com taxas de juro muito mais baixas (5% assumidos). Os serviços de ventilação nos cálculos implicam a substituição do ventilador de teto e a troca do sistema de ventilação na sala do servidor (Itens 2, 9, 15 e 16 na tabela 4.1). A modelagem dos ganhos de uma ESE que agrega melhorias energéticas na ventilação, usando os pressupostos da tabela 4.3, mas com 50 clientes no primeiro ano, leva aos ganhos projetados abaixo:

Tabela 4.8: Ganhos projectados de uma organização de fornecimento de EPC

Discount rate (r)= 5%

	Year	Discount factor $1 / (1 + r)^t$	Revenue	Expenses	Net cash flow	Discounted cash flow (Present value)
t =	0	1	201407.50	1188520.00	-987112.50	-987112.50
t =	1	0.952380952	406843.15	1201820.00	-794976.85	-757120.81
t =	2	0.907029478	616387.51	1215386.00	-598998.49	-543309.29
t =	3	0.863837599	830122.76	1229223.32	-399100.56	-344758.07
t =	4	0.822702475	1048132.72	1243337.39	-195204.67	-160595.36
t =	5	0.783526166	1270502.87	1257733.73	12769.14	10004.95
t =	6	0.746215397	1295912.93	1272418.01	23494.92	17532.27
t =	7	0.71068133	1321831.19	1287395.97	34435.22	24472.47
t =	8	0.676839362	1348267.81	1302673.49	45594.32	30860.03
t =	9	0.644608916	1375233.17	1318256.56	56976.61	36727.63
	L_{12}		-			
		Net present value of all revenue				CHF - 2,673,298.67

Conduzindo uma análise de sensibilidade para mostrar como os ganhos mudam com uma mudança no número de clientes, os resultados mostram que a ESCO pode ter lucro se conseguir adquirir 160 contratos no primeiro ano ou um total de 1.752 contratos num período de dez anos.

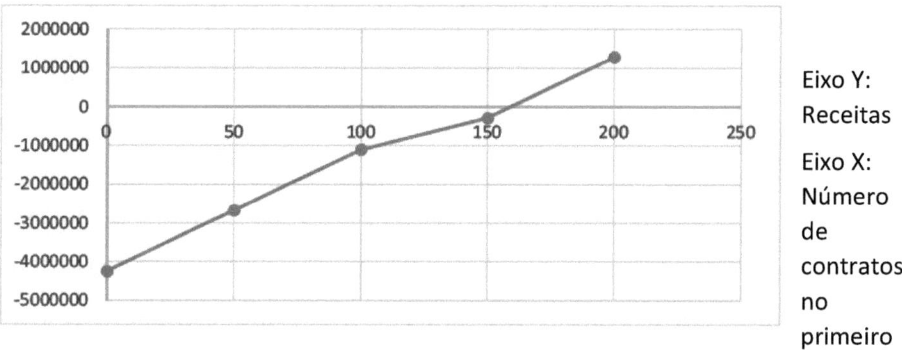

Eixo Y: Receitas

Eixo X: Número de contratos no primeiro ano

Figura 4.3: Ganhos de uma organização de fornecimento EPC que cobre apenas a ventilação em função do número de contratos.

Uma terceira alternativa consiste em oferecer a CPE como um serviço adicional prestado por uma empresa de serviços energéticos ou por um fabricante de equipamento original. Com base nas respostas de IP2 e IP6, pode presumir-se que uma tal empresa poderia atingir um maior número de clientes, uma vez que já teria um mercado existente para os serviços que já presta. Além disso, as receitas geradas por essa empresa viriam juntar-se às receitas da empresa existente e, como tal, pressupõe-se que essa empresa teria um custo fixo mais baixo, uma vez que a CDE é apenas um serviço adicional e que a principal fonte de receitas da empresa poderia cobrir custos como a renda, os serviços públicos, etc.

No que diz respeito às competências necessárias, parte-se do princípio de que a empresa existente já possui a maior parte das competências necessárias. Relativamente ao tipo de conhecimentos necessários para a realização de EPC, a IPS declarou *"é necessário ter uma visão muito geral das instalações: edifícios e maquinaria. Deve ter um saber-fazer muito alargado sobre as prioridades e os sistemas energéticos. Também é necessário ter conhecimentos sobre sistemas de aquecimento e ventilação individuais, o que é muito importante para a implementação de medidas"*. Estas competências são transferíveis e uma empresa que tenha como atividade o fornecimento de soluções de eficiência energética poderá já possuir estes conhecimentos. Parte-se, portanto, do pressuposto de que essa empresa poderia recorrer aos conhecimentos especializados de que já dispõe, pelo que teria de contratar apenas mais alguns trabalhadores. Partindo do pressuposto de que um fabricante de equipamentos originais (OEM) que forneça EPC que cubra apenas serviços de ventilação, com 75 clientes no seu primeiro ano, dois empregados para além dos empregados já existentes na empresa e 50.000 CHF em custos fixos adicionais, as receitas de uma tal empresa são projectadas abaixo na tabela 4.9. Note-se que, tal como nos modelos anteriores, os dois empregados são apenas para os primeiros 100 contratos e será contratado um empregado adicional por cada 100 contratos posteriores.

Tabela 4.9: Receitas projectadas de uma organização que fornece EPC para serviços de ventilação como um serviço adicional.

Discount rate (r)= 5%

Year		Discount factor $1 / (1 + r)^t$	Revenue	Expenses	Net cash flow	Discounted cash flow (Present value)
t =	0	1	302111.25	1234260.00	-932148.75	-932148.75
t =	1	0.952380952	610264.73	1254210.00	-643945.28	-613281.21
t =	2	0.907029478	924581.27	1274559.00	-349977.73	-317440.12
t =	3	0.863837599	1245184.14	1295314.98	-50130.84	-43304.90
t =	4	0.822702475	1572199.08	1316486.08	255713.00	210375.72
t =	5	0.783526166	1905754.31	1338080.60	567673.71	444787.20
t =	6	0.746215397	1943869.40	1360107.01	583762.38	435612.48
t =	7	0.71068133	1982746.78	1382573.95	600172.83	426531.63
t =	8	0.676839362	2022401.72	1405490.23	616911.49	417549.98
t =	9	0.644608916	2062849.75	1428864.84	633984.92	408672.33
			-			
		Net present value of all revenue				CHF 437,354.35

Os resultados mostram que, com a redução dos custos fixos e dos custos de pessoal, a ESE poderia obter lucros durante o período de dez anos. A sensibilidade dos resultados a alterações no número de contratos é apresentada a seguir. Os resultados mostraram que, para atingir o ponto de equilíbrio, a empresa precisaria de 62 contratos, o que perfaz 682 contratos num período de dez anos.

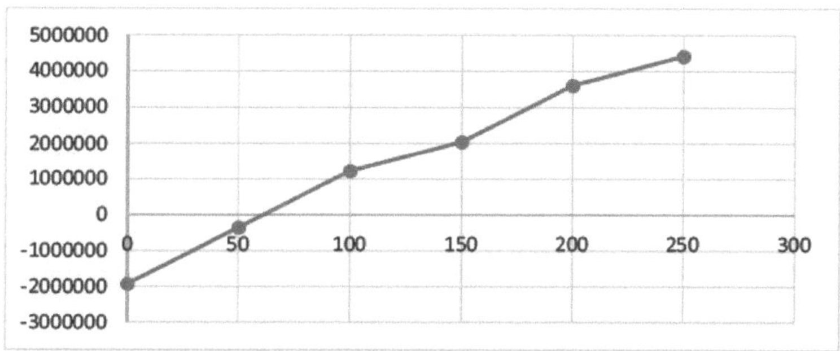

Figura 4.4: Ganhos de um OEM que fornece EPC como um serviço adicional apenas para produtos de ventilação, dependendo do número de clientes no seu primeiro ano.

CAPÍTULO 5. DEBATE

Este capítulo analisará os resultados da secção anterior, a fim de responder às duas principais questões de investigação, que são as seguintes

i. Poderá uma ESCO que ofereça EPC a PME na Suíça ser financeiramente viável a longo prazo?

ii. Quais são os principais riscos financeiros associados ao fornecimento de EPC às PME?

Ao discutir os resultados, serão feitas comparações com trabalhos de investigação existentes, a fim de determinar a forma como os resultados do presente documento se comparam com a literatura existente.

5.1 Qual é a viabilidade financeira de um fornecedor de EPC para as PME?

Os resultados mostraram que é pouco provável que uma ESE criada com o único objetivo de fornecer apenas serviços EPC às PME seja financeiramente viável. Tal deve-se ao facto de a ESE não ter clientes suficientes para cobrir os custos fixos associados à gestão de uma empresa. A fim de gerar receitas suficientes para que a empresa seja financeiramente viável, o número total de contratos que a ESE deve ter ao longo de um período de dez anos é estimado em 985 contratos, este número representa cerca de 0,2% do número total de PME registadas na Suíça (Schweizerische Eidgenossense, 2015). Também deve ser observado que o número total necessário de contratos EPC é inferior à estimativa mais elevada do IP2 de 2000 contratos. Com base na experiência do IP 7, é provável que o número de contratos que uma ESE poderia ter seria inferior a 985 contratos e os resultados deste documento mostram que uma ESE na Suíça que entregasse EPC apenas a PMEs teria muito provavelmente uma perda durante o tempo considerado.

Os resultados do modelo financeiro confirmam, portanto, a opinião de todos os peritos entrevistados, que afirmaram que, devido à fatura energética limitada das

PME e à incapacidade de atrair um grande número de clientes, uma ESE dirigida apenas às PME pode não ser financeiramente viável.

O número de contratos necessários para que a empresa permaneça financeiramente viável é altamente dependente dos custos fixos, particularmente os custos de mão de obra, este facto, juntamente com o facto de que, ao tomar decisões de investimento sólidas, uma ESE que ofereça CPE às PME pode recuperar o montante investido dentro dos períodos de contrato (ver tabela 4.2) dá às empresas que já estão no negócio de melhorar a eficiência energética a oportunidade de serem rentáveis, enquanto fornecem CPE às PME. As empresas que oferecem modelos de negócio conhecidos, como a contratação de serviços energéticos, que se descobriu ser a forma mais preferida de obter serviços energéticos pelos clientes na Suíça, podem oferecer CDE como um serviço adicional. A relação existente entre os clientes e a ESE e a disponibilidade de um mercado existente para as empresas que prestam serviços de contratação de serviços energéticos poderia significar que essas empresas poderiam estar a fornecer CDE como um serviço adicional às PME.

Por último, utilizando os mesmos dados do estudo de caso, os modelos financeiros da literatura existente (Yik & Lee, 2005) e (Suhonen & Okkonen, 2013) teriam levado à decisão de investir nas opções utilizadas para projetar os ganhos da ESE, mas estes modelos não teriam fornecido informações suficientes sobre a viabilidade financeira de uma ESE que se dedica ao fornecimento de EPC. As conclusões deste documento mostram, portanto, que o foco estreito da investigação existente sobre a viabilidade financeira de projectos EPC individuais cria uma lacuna de investigação sobre os factores que determinam o sucesso das empresas que fornecem EPC. Por conseguinte, é necessária investigação que contribua para a compreensão dos factores que determinam o sucesso financeiro dos fornecedores de CDE.

5.2 Riscos na entrega da CPE

Os resultados mostram que, com decisões de investimento optimizadas, o maior risco que um fornecedor de CDE que visa as PMEs enfrentaria é a baixa margem de contribuição que surge devido à baixa poupança de energia para as PMEs. Assim, embora o CDE para as PME possa gerar receitas suficientes para cobrir os custos de investimento, estas receitas geradas não são suficientes para sustentar o funcionamento de uma empresa, o que se deve ao baixo consumo de energia das PME. Estes resultados do modelo estão em concordância com a opinião da maioria dos especialistas entrevistados que acreditam que, devido à baixa fatura energética das PME, os fornecedores de CDE podem não conseguir poupanças suficientes para obter lucros. O problema das poupanças de energia pode ser ultrapassado através da existência de um número suficiente de clientes que gerem receitas suficientes para cobrir os custos fixos, no entanto, o facto de o CPE ser desconhecido dificulta a obtenção do número necessário de clientes para atingir o ponto de equilíbrio; este problema é ampliado pelo facto de os baixos custos de energia e as baixas facturas de energia das PME reduzirem o incentivo para adotar o CPE em primeiro lugar. Um artigo de Weincke & Meins (2012) sobre o que leva os ocupantes de edifícios na Suíça a melhorar a eficiência energética mostrou que o principal fator foi a redução de custos, portanto, as baixas facturas de energia das PMEs serão uma grande desvantagem para um fornecedor de CPE. O risco de uma crise de liquidez identificado por uma das ESE entrevistadas foi também considerado um risco grave no modelo. Mesmo na melhor das hipóteses (terceiro modelo alternativo em que a ESE fornece o CDE como um serviço adicional), as despesas da empresa continuariam a exceder as receitas nos primeiros quatro anos, como mostra a figura 5.1 abaixo.

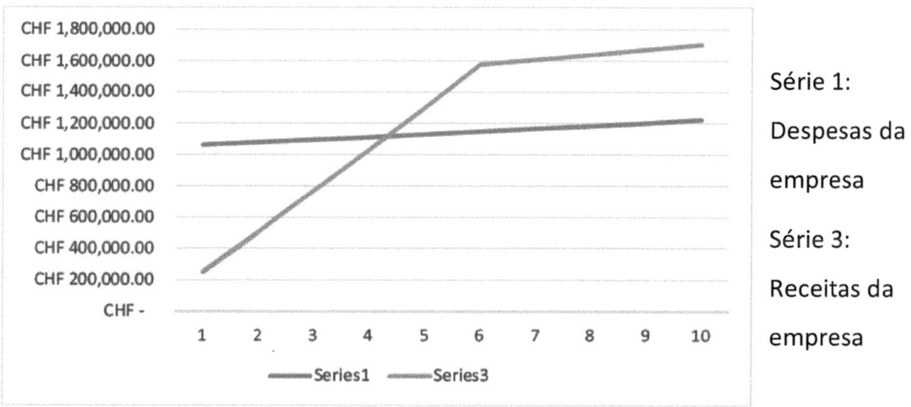

Figura 5.1: Receitas e custos de uma organização que oferece EPC como um serviço adicional

Para além dos riscos discutidos, existem riscos específicos do projeto que foram identificados na tese e estes riscos têm um impacto no desempenho financeiro da empresa. A partir da análise, com um défice de 7% no total das poupanças garantidas e um pagamento de 3,5% às PME devido ao défice de poupanças de energia, a ESE deixaria de ser financeiramente viável, independentemente do número de contratos que assegurasse. Os resultados da investigação existente mostram que a possibilidade de não se obterem poupanças garantidas pode impedir as ESE de entrarem no mercado. Por exemplo, um inquérito às ESE mostrou que as incertezas quanto às poupanças garantidas são uma barreira importante que impede as empresas de entrar no negócio de fornecimento de EPC (Ghosh, Young-Corbett, & Bhattacharjee, 2002). Prever corretamente a quantidade de energia que pode ser poupada é, portanto, de grande importância para as ESE e a investigação que fornece meios para mitigar este risco está disponível como mostrado na tabela 2.3. Uma ESE que forneça EPC a PMEs também tem de lidar com o possível fracasso da PME e, como resultado, existe o risco de não recuperar todos os investimentos dos contratos. Embora este risco tenha sido identificado nas entrevistas realizadas, nenhum dos documentos analisados para esta tese o identificou como um risco importante na entrega de CDE, o risco de fracasso do cliente é, portanto, provavelmente específico para a entrega de CDE às PME e este risco pode não ser grave quando todos os tipos de negócios são considerados.

Ao considerar o risco, uma outra preocupação foi a perceção do risco entre os financiadores, o interesse surgiu da descoberta da relação entre o risco e o custo do capital, bem como o paradoxo da energia descoberto na revisão da literatura. Embora os resultados mostrem que as taxas de empréstimo podem ser elevadas para uma ESE que fornece EPC às PME, a causa destas possíveis taxas de juro elevadas é atribuída à elevada perceção do risco pelos financiadores dos projectos EPC. Os resultados da tese não podem confirmar ou refutar se as taxas de juro pedidas pelos investidores são injustificadas como propõe a investigação sobre o paradoxo da energia. De acordo com um dos entrevistados, uma elevada perceção de risco resulta de incertezas quanto à capacidade de atrair o número necessário de clientes por parte da ESE e os resultados desta tese mostram que estas preocupações dos investidores são válidas.

5.3 EPC adequado para PME

Os resultados mostram que o modelo de CDE em que uma ESE existe apenas com o objetivo de fornecer CDE às PME não é financeiramente viável e a causa disso é o baixo potencial de poupança de energia nas PME. No entanto, os resultados mostram que é possível para uma PME conseguir economias de energia suficientes para recuperar o montante investido pela ESE. Embora o modelo se concentre na entrega de CDE às PMEs e, como tal, seja incapaz de determinar se a entrega de CDEs a outros segmentos de negócios é financeiramente viável, os resultados das entrevistas realizadas sugerem que um fornecedor de CDEs para as PMEs deve apoiar o seu negócio com uma gama mais ampla de serviços. De acordo com os resultados das entrevistas, as ESE devem preferencialmente fornecer CDE a instituições públicas e grandes empresas com grandes necessidades energéticas, para além das PMEs. Esta constatação é semelhante a um relatório sobre as actividades comerciais das ESE nos

Estados Unidos que descobriu que apenas 26% dos projectos EPC eram no sector privado e, destes 26%, a maioria dos projectos eram na indústria e em edifícios de escritórios (Goldman, J, Hopper, & Singer, 2002).

Quanto ao modelo de financiamento do CDE adequado para as PMEs, os resultados da entrevista parecem sugerir que nenhum modelo é particularmente adequado para as PMEs, no entanto, os resultados das entrevistas com especialistas parecem sugerir uma preferência para as empresas financiarem os seus próprios investimentos em eficiência; este facto, juntamente com a falta de conhecimento sobre o CDE poderia significar que um modelo de CDE em que a PME financia as melhorias de eficiência energética, enquanto a ESE garante a poupança de energia é mais adequado; assim, em tais circunstâncias, um contrato de poupança garantida é preferível a um contrato de poupança partilhada (Patari & Sinkkonen, 2014). No entanto, esta forma de CPE não é adequada para todas as PMEs, particularmente aquelas que não possuem a sua própria propriedade. Além disso, as conclusões das entrevistas realizadas e de Patari & Sinkkonen (2014) mostram que a melhoria da eficiência energética está fora do foco de muitas empresas, como tal, muitas empresas podem também não estar dispostas a investir os seus próprios recursos na melhoria da eficiência energética e uma solução para esta barreira é o que o modelo de poupança partilhada do CDE é mais adequado. Portanto, as conclusões de Patari & Sinkkonen (2014), que sugerem que as ESE precisam de considerar os projectos de CDE de uma forma específica, estão em concordância com as conclusões deste trabalho.

Por último, no que diz respeito ao tipo de melhorias de eficiência energética que podem ser feitas numa PME, os resultados mostram que uma vasta gama de melhorias de eficiência energética pode ser feita e a seleção das melhorias a investir depende do investimento que tem uma elevada taxa de retorno. A maioria dos peritos entrevistados na Suíça, no entanto, não recomendou renovações extensivas do edifício como uma opção para uma ESE que fornece EPC. As melhorias sugeridas envolviam principalmente a substituição de elementos individuais do edifício por outros mais eficientes do ponto de vista energético. As ESE entrevistadas mostraram-se, no entanto, mais abertas a investimentos em renovações extensivas de edifícios.

CAPÍTULO 6. CONCLUSÃO, LIMITAÇÃO E RECOMENDAÇÃO

6.1 Resumo

A tese tem como objetivo prever o desempenho financeiro de uma ESE que forneça EPC às PME na Suíça. Os resultados da tese mostraram que o fornecimento de CPE apenas a PMEs não é financeiramente viável, no entanto, pode ser possível para uma empresa existente que fornece alguma forma de soluções de poupança de energia fornecer CPE como um serviço adicional. O modelo de CDE considerado financeiramente viável é o fornecimento de melhorias únicas de eficiência energética que oferece uma alta taxa de retorno por uma empresa já no negócio de melhoria da eficiência energética. Para que a organização de fornecimento de CPE seja financeiramente viável, a empresa teria também de reduzir o risco associado a cada investimento. O modelo financeiro mostrou que os lucros da empresa são altamente dependentes do custo do capital, bem como do défice de poupanças projectadas e, como tal, a ESE deve fazer um esforço para resolver estes riscos. Outra grande limitação que impede o sucesso da prestação de CDE apenas a PMEs é a baixa fatura energética dessas empresas e a incapacidade de atrair o número de clientes necessários para gerar receitas suficientes para cobrir os custos de funcionamento do negócio. Existem algumas soluções delineadas na tese que abordam estes problemas, tais como:

i. Oferecer benefícios energéticos não relacionados, para além da poupança de energia, para motivar as PME, muitas das quais não estão relacionadas com a poupança de custos energéticos, a celebrar contratos de desempenho.

ii. Responder individualmente às necessidades de eficiência energética das PME

iii. Aderir a um esforço coordenado da associação de ESCOs para desenvolver o mercado de EPC

Existem contradições entre as diferentes soluções propostas por esta tese. Por exemplo, os resultados propõem que, para que a ESE seja financeiramente viável, teria de agrupar e fornecer serviços únicos de eficiência energética a um grande número de clientes, no entanto, ao fazê-lo, a ESE não seria capaz de abordar individualmente as necessidades de eficiência energética das PME. Para fazer face aos múltiplos e conflituosos desafios, uma empresa de serviços energéticos que forneça CDE às PME teria de criar processos que lhe permitissem tomar facilmente decisões sobre o investimento num projeto e o montante a investir num projeto, o que poderia reduzir o período de vendas e reduzir o custo de funcionamento da empresa de serviços energéticos.

O objetivo da tese era utilizar os modelos financeiros existentes na literatura para prever o desempenho financeiro da ESE. Depois de analisar a literatura existente, tornou-se óbvio que todos os modelos financeiros existentes se centravam na avaliação da viabilidade de investimentos individuais em EPC. A tese, portanto, expandiu os modelos financeiros existentes para cobrir os ganhos projectados da ESE como um todo. As conclusões da tese mostraram a incapacidade dos modelos financeiros existentes para determinar a viabilidade da ESE. Descobriu-se que a recuperação de todo o montante investido num projeto EPC não significa necessariamente que uma ESE seja financeiramente viável.

6.2 Recomendações

As conclusões desta tese são importantes para as organizações que tencionam celebrar contratos de desempenho energético com as PME. Para essas organizações, as recomendações são as seguintes:

i. Com o estado atual do mercado de CDE na Suíça, o esquema de poupanças partilhadas da CDE é mais adequado para empresas já envolvidas na melhoria da eficiência energética, por exemplo, um OEM poderia utilizar esta forma de acordo para vender o seu equipamento energeticamente eficiente. As empresas existentes já teriam um mercado estabelecido e uma relação já construída com os clientes, pelo que seria mais fácil chegar a um maior número de clientes.

ii. Para as novas ESE sem uma rede de clientes, a parceria com programas existentes, como o EnAW ou a associação de ESE suíças (Swiss contracting), poderia permitir-lhes chegar a potenciais clientes. Uma empresa deste tipo continuaria a enfrentar o desafio assustador de convencer o número necessário de PMEs a celebrar contratos de desempenho energético, mas ao coordenar-se com os programas existentes, uma ESE poderia reduzir o montante que teria de investir no desenvolvimento do mercado. Uma nova ESE também deve considerar a possibilidade de fornecer CDE a outros segmentos de mercado, particularmente aqueles com grandes necessidades de energia, tais entidades seriam mais receptivas ao CDE, uma vez que teriam um maior incentivo para reduzir o consumo de energia. Com uma maior diversidade na carteira de contratos a ESE aumentaria a confiança dos investidores (Sorrell, 2005) e como tal a ESE poderia receber capital mais barato.

6.3 Limitações e domínios de investigação futura

A tese teve algumas limitações que são descritas a seguir:

i. A tese baseia-se fortemente num único estudo de caso de uma PME para prever o desempenho financeiro dos fornecedores de CDE. No estudo de caso escolhido, a PME tinha implementado uma vasta gama de medidas de eficiência energética que poderiam ser adoptadas por qualquer PME. No entanto, a utilização de energia e as melhorias na eficiência energética variam de uma empresa para outra.

ii. Outra limitação é o facto de as conclusões da tese serem fortemente influenciadas pelo investigador. Embora a natureza da tese seja qualitativa e esse tipo de investigação tenda a ser influenciado pelo investigador (Mason, 2002), o facto de a maioria das variáveis para o cálculo dos ganhos serem suposições feitas com base nos dados da investigação constitui uma limitação. Para colmatar esta limitação, a tese procurou estabelecer uma ligação entre as hipóteses formuladas e as respostas obtidas nas entrevistas e nos estudos de caso efectuados.

iii. O modelo apenas considera o tipo de EPC de poupança partilhada e esta é uma das principais limitações da tese. Outros modelos de CDE, como o contrato garantido, em que o proprietário do edifício investe e a ESE oferece apenas a garantia, não são considerados.

iv. Por último, uma das principais limitações prende-se com o desenho da investigação, que se centra no tema apenas através da perspetiva das ESE e dos peritos em eficiência energética. A opinião das PMEs sobre a sua vontade de celebrar contratos EPC e as eventuais barreiras que enfrentam teria sido relevante, no entanto, devido a limitações de tempo, tal não foi considerado.

Esta tese é apenas exploratória e seria necessária mais investigação analisando todo o sector das ESE para preencher a lacuna de investigação identificada. A investigação futura deve ter em consideração os pontos de vista e as opiniões das PME com o objetivo de compreender a sua perceção sobre os CDE, as barreiras que poderiam impedi-las de celebrar tais contratos e os incentivos e outros meios para ultrapassar essas barreiras. Além disso, a investigação futura deve considerar uma maior variedade de modelos de CPE para descobrir que tipos são mais adequados para cada segmento de negócio. Por último, a possível utilização de CPE como meio de atingir objectivos de redução de energia também deve ser investigada. Esta área de investigação poderia investigar a forma como os CPE se poderiam enquadrar nas estratégias globais de redução de energia e o impacto que poderiam ter na redução do consumo de energia na Suíça.

BIBLIOGRAFIA

Aaker, D., & Jacobson, R. (1987). The Role of Risk in Explaining Differences in Profitability (O papel do risco na explicação das diferenças de rendibilidade). *TheAcademyofManagement Journal, Vol. 30, No. 2,* 277-296.

Abdelaziz, E., Saidur, R., & Mekhilef, A. (2011). Uma revisão das estratégias de poupança de energia no sector industrial. *Renewable and Sustainable Energy Reviews 15,* 150-168.

Ansar, J., & Sparks, R. (2009). The experience curve, option value, and the energy paradox. *Energy Policy 37,* 1012-1020.

Bächinger, C., Meins, E., Burkhard, H.-P., & Wiencke, A. (2014). *Massnahmen und Modelle zur Finanzierung von energetischen Erneuerungen.* Zürich. Bericht Nr. 15, Forschungsprojekt FP-2.2.7: EnergieforschungStadt.

Barbour, R. (2008). *Introducing Qualitative Research: A Student Guide to the Craft ofDoing Qualitative Research.* Londres: Sage publications.

Berg, B., & Lune, H. (2012). *Métodos de Pesquisa Qualitativa para as Ciências Sociais.* New Jersey: Pearson.

Berke, J., & DeMarzo, P. (2013). *Corporate finance: third edition.* Boston: Perason educational Inc.

Bertoldi, P., Rezessy, S., & Vine, E. (2006). Empresas de serviços energéticos nos países europeus: Current status and a strategy to foster their development. *Política energética,* 1818-1832.

Boote, D. N., & Beile, P. (2005). Scholars before researchers, on the centrality of the literature review in research preparations. *Investigador em Educação, Vol. 34, No. 6,* 3-15.

Bowen, G. A. (2005). Preparação de uma dissertação baseada em investigação qualitativa, lições aprendidas. *The gualitative report 10(2),,* 208-222.

Brüderl, J. (1990). Mortalidade organizacional: The Liability of newwness and adoloscense. *Fator de Impacto: 4.21 - DOI: 10.*

Bundesämter Energie BFE . (2008). *Plano de ação para a eficiência energética "Bestpractice-Strategie".* Eidgenössisches Departement für Umwelt, Verkehr, Energie und Kommunikation UVEK .

Burkhard, H., & Wiencke, A. (2013). *Lösungsansätze zum Abbau von Hemmnissenfürenergetische Erneuerungen von Gebäuden Bericht Nr. 11, Forschungsprojekt 2.2.4.* Cidade de Zurique.

Cassell, C., & Symon, G. (2004). *Essential Guide to Qualitative Methods in Organizational Research.* Londres: Sage publications.

Deng, Q., Jiang, X., Zhang, L., & Cui, Q. (2015). Tomada de decisões de investimento óptimas para empresas de serviços energéticos. *Energia,* 1-10.

Eisenhard, K. (1989). Building Theories from Case Study Research. *The Academy ofManagement Review,* 532-560.

eu.bac. (2011). *Contratos de desempenho energético na União Europeia.* Associação europeia de controlos de automação de edifícios.

Fang, W. S., Miller, S., & Yeh, C.-C. (2012). The effect of ESCOson energy use. *Política energética,* 558-568.

Flick, U. (2009). *An Introduction to Qualitative Research 4th edition.* Berlim: Sage publications limited.

Freeman, J., Carroll, G., & Hannan, M. (1983). A responsabilidade da novidade: dependência da idade nas taxas de mortalidade da organização. *American Sociological review,* 692-710.

Garrison, R., Libby, T., Webb, A., Noreen, E., & Brewer, P. (2015). *Contabilidade gerencial; 10ª edição.* McGraw Hill.

Ghosh, S., Young-Corbett, D., & Bhattacharjee. (2002). Market trends in the US ESCO industry: results from the NAESCO database project.

Goldman, C., J, O., Hopper, N., & Singer, T. (2002). Market trends in the US ESCO industry response from the NAESCO database project. *Lawrence bakely national laboratory.*

Häcki, S., Hess, S., & Keller, N. (2009). Grobe Zustandsanalyse Geschäftsfeld "Contracting. *BernerFachhochschuleArchitektur, Holz Und Bau.*

Hassett, K., & Metcalf, G. (1993). Do consumers discount the future corretly? *Energy,* 710-716.

Sociedade Financeira Internacional. (2011). *Análise da empresa de serviços energéticos da IFC, relatório final revisto.*

Jackson, J. (2010). Promovendo investimentos em eficiência energética com ferramentas de decisão de gestão de risco. *Energy policy Volume 38, Issue 8,* Pages 3865-3873.

Jakob, M. u. (2004). Descendo a curva de experiência para envelopes de edifícios com eficiência energética: o caso suíço para 1970-2020 ". *International Journal ofEnergy Technology and Policy, 2(1),,* 153-178.

Kannan, R., & Boie, W. (2003). Práticas de gestão da energia nas PME - estudo de caso. *Energy Conversion and Management 44,*945-959.

Lee, M.-K., Park, H., Noh, Jongwhan, N., & Painuly, J. (2003). Promoting energy efficiency financing and ESCOs in developing countries: Experiencesfrom Korean ESCO business. *Journal ofcleanerproduction,* 651-657.

Lee, P., Lam, P., & Lee, W. (2015). Riscos na contratação de desempenho energético. *Energia e edifícios (92),* 116-127.

Marino, A., Bertoldi, P., Rezessy, S., & Benigna, B.-K. (2011). A snapshot of the European energy service market in 2010 and policy recommendations to fostera further market development. *Política energética,* 6190-6198.

Mason, J. (2002). *Qualitative researching; second edition* . Londres: Sage publication limited.

Mathew, P., Krommer, S., & Sezgen, O. M. (2005). Preços actuariais de projectos de eficiência energética: Lessons foul and fair. *Política energética,* 1319-1328.

Mills, E., Krommer, S., Weiss, G., & Mathew, P. (2006). From volatility to value; analyzing and managing financial and performance risk in energy saving projects. *Energy policy 34,* 188-199.

Minder, S., Mart, B., & Weisskopf, T. (2015). *Betriebsoptimierung bei kleineren und mittleren Unternehmen in der Stadt Zürich.* EnergieforschungStadtZürich, Bericht-Nr. 20 Forschungsprojekt FP- 2.4.

Myers, M. D. (2008). *Pesquisa Qualitativa em Negócios e Gestão.* Sage publishers.

Pätäri, S., & Sinkkonen, K. (2014). Empresas de Serviços Energéticos e Contratos de Desempenho Energético: há necessidade de renovar o modelo de negócio? Insights de um estudo Delphi. *Journal ofCleanerProduction 66,* 264-271.

Quiry, P., Dallocciao, M., Fur, Y. L., & Salvi, A. (2014). *Finanças corporativas, teoria e prática; quarta edição.* West Sussex: John Wiley and Sons, Ltd.

Rennings, K., & Wiggering, H. (1997). Steps towards indicators of sustainable development: Linking. *Ecological Economics 20,*25-36.

Rickard, S., Hardy, B., Von Neida, B., & Milhmeister, P. (1992). Th investment risk in whole building energy- efficiency upgrade projects. *American cuncilfor energy efiicient economy,* 307-318.

Sanstad, A., Blumstein, C., & Stoft, S. (1995). How high are option values in energy efficiency investments? *Energy Policy 23 (9),,* 739-743.

Schweizerische Eidgenossense. (2015, 12 4). *KMU in Zahlen: Firmen und Beschäftigte.* Recuperado de KMU-portal:

http://www.kmu.admin.ch/politik/02961/02987/02989/index.html2la ng=de

Shippee, G. E. (1996). O futuro das empresas de serviços energéticos: mudanças e tendências. *Volume 9, Número 6,* 80-84.

Sorrell, S. (2005). *The economics ofenergy service contracts.* Brighton: Tyndall Center for Climate Change.

Cidade de Zurique. (2015). *Betriebsoptimierung bei kleineren und mittleren Unternehmen in der Stadt Zurich.* Zurich: Forschungsprojekt FP-2.4.

Suhonen, N., & Okkonen, L. (2013). The EnergyServicesCompany(ESCo)asbusinessmodelforheat. *Energy Policy 61,* 783-787.

Taffler, R. J. (1982). Forecasting Company Failure in the UK Using DiscriminantAnalysis and Financial Ratio Data. *Journal of the Royal Statistical Society. Série A (Geral) Vol. 145, No. 3,* pp. 342-358.

TEP & EnAW. (2012). *Stromeffizienz der Schweizer Wirtschaft - Auswertung und Szenarien aus der Erfahrung der EnAW.* Energie-Agentur der Wirtschaft (EnAW).

Vine, E. (2005). 2005. *Política energética33,* 691-704.

Wiencke, A., & Meins, E. (2012). *Praxisbeitrag. Energieforschung.* Bericht Nr. 5, Forschungsprojekt FP-2.2.2, 45 S.: Stadt Zürich.

Wilson, J. (2010). *Essentials of Business Research: A Guide to Doing Your Research Project,* world of book ltd.

Yik, F., & Lee, W. (2005). Partnership in building energy performance contracting. *Building Research & Information, 32:3,* 235-243.

Yin, R. K. (2009). Case Study Research. Design and Methods. *Publicações Sage.*

APÊNDICES

Apêndice A - Guia de entrevista para peritos

Introdução

- Apresentar um breve historial do trabalho que está a ser realizado pelo instituto
- Apresentar uma breve introdução à minha formação e ao objetivo da tese
- Fornecer informações sobre a forma como os dados serão recolhidos e tratados
- Pedir autorização para gravar a entrevista
- Perguntar se o entrevistado tem mais alguma questão

Iniciar a gravação

Tema A: Condições de mercado para as empresas de serviços energéticos (E.S.C.O.) na Suíça

1. Qual é o grau de competitividade do mercado de contratos de desempenho energético (CPE) na Suíça?

i. Conhece empresas que ofereçam C.P.E. a PME na Suíça?

ii. Existe uma procura de produtos e serviços EPC entre as pequenas e médias empresas (PME) na Suíça?

iii. A natureza do mercado de EPC apresenta algum desafio para uma empresa que fornece EPC a PME?

iv. Em caso afirmativo (para a pergunta anterior), quais são os desafios causados pelo mercado?

v. Existem soluções para atenuar estes riscos?

Tema B: Avaliação dos riscos financeiros

1. Quais são os principais riscos que podem afetar o desempenho financeiro de uma empresa que fornece soluções de poupança de energia exclusivamente a PME na Suíça?

2. Como são financiados os projectos de eficiência energética na Suíça?

3. Qual é a perceção de risco dos investidores/credores em relação à EPC na Suíça?

i. Será que os credores vão pedir taxas mais elevadas para compensar a sua perceção do risco?

ii. Qual é o rendimento provável que os investidores exigirão?

Tema C: Avaliação das receitas

1. Pode dar uma ideia aproximada do número de contratos com PME que uma empresa deste tipo poderá ter no seu primeiro ano?

2. Considera que os preços da energia continuarão a ser baixos em relação ao índice de preços no consumidor?

3. Em caso afirmativo, como é que esta evolução dos preços da energia afectará o desempenho das empresas de serviços energéticos?

4. O governo oferece incentivos financeiros para encorajar a redução do consumo de energia através da contratação?

i. Em caso afirmativo, qual a forma que assume?

ii. Em caso negativo, qual a intensidade do efeito no crescimento do CPE?

iii. Qual a importância do papel das instituições públicas que adoptam a CPE para o desenvolvimento do mercado?

Tema D: Avaliação dos custos prováveis incorridos por um fornecedor de CPE

1. Que tipo de investimentos são necessários para reduzir o consumo de energia de uma PME?

2. Quanto tempo levará uma ESCO a recuperar o seu investimento/Quanto tempo duram os projectos EPC?

3. Quais são os custos a que uma empresa deve estar atenta?

4. Que conhecimentos são necessários para a realização de EPC?

5. É fácil para uma empresa de consultoria energética fornecer um EPC?

6. O que é que o desenvolvimento do mercado implica e quanto é que uma ESCO gasta por ano com isso?

Encerramento da entrevista

- Na sua opinião, há necessidade de ESCOs que forneçam EPC às PME?
- Se não, porque é que não há necessidade?

Muito obrigado pelo tempo e pelas informações prestadas durante a entrevista

Apêndice B - Guia de entrevista para as empresas de serviços energéticos

Introdução

- Apresentar um breve historial do trabalho que está a ser realizado pelo instituto
- Apresentar uma breve introdução à minha formação e ao objetivo da tese
- Fornecer informações sobre a forma como os dados serão recolhidos e tratados
- Pedir autorização para gravar a entrevista
- Perguntar se o entrevistado tem mais alguma questão

Iniciar a gravação

Tema A: Condições de mercado no país em que operam

2. Qual é a competitividade do mercado de EPC na sua região?

vi. Conhece outras empresas que ofereçam EPC às PME?

vii. Existe uma procura de produtos e serviços EPC entre as PME?

viii. Como é que comercializam os vossos serviços junto das PME?

Tema B: Avaliação dos riscos financeiros

4. Quais são os principais riscos associados ao fornecimento de EPC às PME?

5. Como é que determina se vale a pena investir num projeto? Qual é a perceção de risco dos seus investidores/credores?

6. Como são financiados os projectos EPC e quais as taxas de juro normalmente exigidas pelos investidores?

7. Recupera os seus investimentos e lucros de todos os contratos EPC?

i. Em caso negativo, qual a percentagem de contratos não rentáveis?

ii. Existe um risco de incumprimento dos pagamentos por parte dos clientes?

Tema C: Avaliação das receitas

5. Qual a percentagem de redução do consumo de energia que pode alcançar?

6. Qual é a poupança média anual de custos energéticos que prevê ao realizar um projeto?

i. Com que frequência se atingem as poupanças orçamentadas?

ii. O que é que determina se estas poupanças são ou não alcançadas?

7. Recebe apoio financeiro do governo?

iv. Em caso afirmativo, qual a forma que assume?

v. Considera que esses incentivos são necessários para que os contratos EPC sejam financeiramente viáveis?

Tema D: Avaliação dos custos

8. Que tipos de investimento podem ser efectuados numa PME?

9 Pode dar-me uma estimativa do valor monetário?

10Qual é a duração dos vossos contratos?

11Para além dos custos de investimento, que outros custos deve uma empresa ter em conta?

Encerramento da entrevista

- Na sua opinião, é possível que uma ESCO forneça EPC apenas a PME?

Muito obrigado pelo tempo e pelas informações prestadas durante a entrevista

Apêndice C - Análise matricial das entrevistas com peritos

Código\Inentrevistado	IP 2	IP5	IP6	IP 7	IP9
Condições de mercado para EPC na Suíça	Mercado inexistente na Suíça; não competitivo; as empresas não têm conhecimento da EPC	Não é competitivo e não existe mercado, uma vez que é bastante recente	• O EPC é uma novidade na Europa, a contratação de fornecimento é a escolha preferida e actuará como concorrente direto • A falta de conhecimentos sobre EPC no sector público e a dificuldade de aquisição impedem o desenvolvimento do mercado	não existe um mercado em curso, fizeram 2 projectos e tem conhecimento de mais 3; as empresas não conhecem a EPC, pelo que é difícil vender a ideia	Existem algumas empresas oferecem EPC às grandes empresas, mas nenhuma às PME
Condições de mercado para o fornecimento de EPC às PME	• Mercado inexistente para as PME, exceto na área da iluminação, onde empresas como a Zumtobel oferecem EPC • sugestão de serviços de apoio ao cliente com EPC anexado como opção	• As PME têm uma fatura energética limitada (normalmente < 1 % do orçamento anual) e não podem poupar dinheiro nesse domínio • As PME na Suíça são bastante eficientes, pelo que não existem "frutos fáceis"	• Não financiam as PME devido ao risco envolvido • Existem outras empresas que financiam as PME	- As PME preferem financiar os seus próprios investimentos para poderem controlar os montantes investidos e evitar custos de financiamento	• simplesmente não existir • É difícil conseguir empresas muito pequenas (1-50) devido à fatura energética limitada -
Meios para construir uma base de clientes (marketing)	Oferta de serviços energéticos bem conhecidos com opções de financiamento como as PME	• Visitas a potenciais clientes • Através da linha de programas existentes EnAW		Apoiando a organização em curso, como a contratação suíça	• Ao oferecer benefícios energéticos não relacionados • Não se sabe muito bem como chegar às pequenas empresas
Potencial de mercado de possíveis clientes EPC	200-2000, representando cerca de 1% do consumo de energia das PME	no máximo centenas (e não milhares) de clientes para os quais pode poupar 10% de energia		Se forem envidados grandes esforços para desenvolver o mercado, existe potencial para a CEP nas PME	Não sei dizer
Riscos financeiros prováveis associados ao fornecimento de EPC às PME	Risco de cessação da atividade das PME	• Dificuldade de medição e verificação • Dificuldade em	Risco de falência que pode ser resolvido através de uma seleção	-A ESCO do IP7, tem um risco técnico muito baixo; atinge os	• não se pode ter acesso a eles • a PME pode entrar em

		obter clientes porque não conhecem a EPC • Não se poupa energia suficiente para justificar a passagem a EPC	cuidadosa dos clientes	objectivos em 98,5% das vezes - As PME não têm um consumo de energia suficiente	falência • Durante o período de vigência do contrato, a PME poderá alterar o método de produção ou mudar para um edifício diferente
Perceção do risco por parte dos mutuantes e taxas de juro que poderão exigir	• Baixa perceção do risco • 5-6% de rendimento	• Os bancos não estarão dispostos a financiar um fornecedor de EPC • Alternativa: oferecer serviços ao cliente, mas deixar o proprietário do edifício financiar o seu próprio investimento, oferecendo a garantia, mas as PME nem sempre são proprietárias do edifício • 8% para novas instalações • Taxas muito mais baixas para investimentos efectuados em edifícios	• Para um terceiro financiador, o risco de contrapartida que é avaliado principalmente com base na solvabilidade do cliente • As taxas que exigem são confidenciais, mas, embora não financiem PME, esperam 8-9% para as pequenas empresas	- As instituições financeiras não fazem ideia do que é o EPC, pelo que se limitam a financiar o cliente	• Há empresas dispostas a financiar EPC, mas podem exigir retornos elevados • 4-5% com o edifício como garantia • Elevada perceção de incerteza após cinco anos
Durações de contratos economicamente viáveis	a duração do EPC economicamente viável é inferior a 8 anos e a 4 anos para investimentos relacionados com processos	4-6 anos	4-6 anos	4-7 para clientes privados; 8- 12 para clientes públicos; as taxas de juro tornam-se demasiado elevadas	quatro a cinco anos
Evolução dos preços da energia	Os preços continuarão a ser baixos, com pouca sensibilidade	Difícil de dizer a longo prazo, mas os preços podem continuar a manter-se baixos a curto prazo			Depende da ação política para reduzir as emissões de gases com efeito de estufa
Factores de custo prováveis	os custos de desenvolvimento do mercado são significativos, tal como os custos incorridos antes da	Conhecimentos especializados necessários: visão muito geral das instalações: edifícios e		custo de venda, custo associado à garantia de desempenho; custos de engenharia	

	assinatura do contrato com o cliente	máquinas; prioridades e sistemas energéticos; conhecimentos sobre sistemas individuais de aquecimento e ventilação; estimativa de 25 pessoas		energética (a verificação é efectuada de acordo com os protocolos IEMEP)	
Incentivos disponíveis de que a ESCO pode tirar partido	Não existem subsídios, mas legislação como o Grossverbraucher artikel, que obriga as grandes PME a melhorar a eficiência energética	O imposto sobre o carbono que, infelizmente, não está disponível para a maioria das PME	Existem poucos incentivos na Europa (conflitos de interesses com objectivos políticos)	Existem incentivos para o utilizador final. A ESE pode tirar partido deste facto, adquirindo os seguintes benefícios para o cliente	Incentivos em que se obtém um reembolso do imposto sobre o carbono quando são efectuadas melhorias na eficiência (geralmente na Alemanha)
Quantidades possíveis de reduções de energia	10% dos custos totais de energia, que podem também incluir outros factores como o comportamento	Cerca de 10% dos custos energéticos da PME		10% no mínimo, 25%-30% em aquecimento e ventilação é possível.	
Melhorias tecnológicas que podem ser efectuadas	Iluminação, motores, recuperação de calor; fornecimento de ar comprimido; Poderá ter um acordo com o OEM e oferecer a garantia de poupança como um modelo de EPC	• Máquinas individuais como geradores de calor, ar pressurizado, sistemas de refrigeração e ventilação, • o aquecimento é mais complicado, uma vez que o conforto é difícil de avaliar • Conselho: encontrar o mais baixo		Aquecimento, ventilação, arrefecimento, iluminação, em parte produção; se uma máquina precisa de muita água fria, analisamos a produção de água fria, por isso vendemos instalações de água.	1.sector de ar pressurizado, Se investir aí [em ar pressurizado]

Apêndice D - Análise matricial das entrevistas com empresas de serviços energéticos

Códigos\Inentrevistados	IP1	IP3	IP 4	IP8
Condições de mercado para o fornecimento de CPE.	- O mercado austríaco é competitivo, com muitas pequenas empresas que oferecem formas semelhantes de CPE	• Bastante competitivo no mercado sueco; 3 grandes ESCOs e várias outras ESCOs • O marketing junto dos clientes é efectuado através de visitas às empresas	Existe um mercado para as CPE na Suécia	Não há muita concorrência no sector dos EPC, especialmente dirigida às PME
Mercado para as PME	- Existe um mercado para as PME, uma vez que têm as PME como clientes	Atualmente, o principal alvo são os supermercados, mas as PME também são uma possibilidade, especialmente as indústrias com grande consumo de energia	Existe um mercado e o fornecimento de CPE pode ser rentável, desde que a dívida seja estável a longo prazo	Existem algumas dificuldades em prestar apenas um serviço (PME) e em não poder apoiar a empresa com uma maior variedade de serviços;
Riscos financeiros associados ao EPC	• Gestão do projeto, responsabilidades técnicas e lacunas no âmbito; estes riscos são assumidos pelos parceiros financeiros. • Risco de incumprimento na fase de instalação, mas os parceiros financeiros assumem o risco posteriormente • O risco de não recuperar os investimentos das poupanças de energia é baixo	• Riscos incorporados no contrato; risco de garantia, • Risco de falência da empresa (para as PME), que é tratado através de uma seleção cuidadosa dos clientes; é necessário verificar os seus "livros"	• Risco de não se conseguirem as poupanças necessárias • Risco associado à estabilidade da dívida (contratos a longo prazo)	• O processo de venda é por vezes longo e a carteira de encomendas pode por vezes ser curta • risco abrangente o resultado da empresa pode variar ao longo do tempo, mas existe a possibilidade de uma ESCO ser viável • Risco de liquidez entre fases 1 onde são efectuados os investimentos e a fase 2 quando a ESCO recebe os pagamentos • risco de poupança de energia não prevista
Meios de financiamento dos projectos	Bancos, sociedades de locação financeira e investidores privados	3 formas de financiamento dos projectos: através da tesouraria da empresa, de empresas de financiamento/leasing de terceiros e pelo cliente com garantia da empresa	Principalmente através do financiamento da dívida	
Perceção do risco pelos	Os investidores	Os custos de		

mutuantes	privados e as empresas de locação financeira não consideram os EPC arriscados, mas os investidores privados consideram-nos arriscados e exigem rendimentos elevados	financiamento são elevados se houver um terceiro		
Tipos de melhoramentos energéticos efectuados em	Principalmente iluminação tecnologia	Nas indústrias; recuperação de calor. Residencial; sistemas de ventilação e aquecimento, bombas de calor, arrefecimento; é aconselhável visar tanto o aquecimento como a eletricidade (possibilidade de poupar mais energia)	obras de renovação, iluminação, AVAC operações e construção e instalação recentes	
Duração dos contratos EPC	Média de 5 anos	7-10 anos		7 -10 anos
Poupanças de energia alcançadas	50%-70% da eletricidade para iluminação	• Combinação de eletricidade e aquecimento 20-60% • Diferentes condições climáticas na Suécia; • O arrefecimento é três vezes mais caro, pelo que poderá ser possível poupar mais na Suíça (arrefecimento de conforto)		
Disponibilidade de incentivos	Não na Suíça, o que é um problema	Já não: não parece ser um problema		
Custos significativos, com exceção dos custos de investimento		Custos associados à entrada em funcionamento e aos trabalhos do projeto		

Temas	Subtemas	Descrição
Condições de mercado	Desenvolvimento do mercado	Meios para alcançar e convencer as PME a celebrar acordos
	Potencial de mercado	Número de PME que uma ESCO poderia celebrar contratos EPC num período de dez anos
	Concorrência no mercado	EPC e outros programas disponíveis que são uma alternativa aos serviços prestados pela ESCO
Riscos financeiros	Nível de risco para as PME	
	Perceção do risco	Como é que os investidores percepcionam a probabilidade de uma crise financeira na prestação de serviços de EPC ou na atividade de ESCO
	Meios de atenuação dos riscos	Medidas tomadas para evitar a possibilidade de não recuperar os investimentos em projectos EPC.
Custos e devoluções	Disponibilidade de fontes de capital	Meios pelos quais a ESCO obterá dinheiro para as suas operações comerciais
	Custo do capital	Os rendimentos solicitados pelos investidores como compensação pelos riscos assumidos ao investir na atividade de fornecimento de CDE
	Custo do investimento	O montante gasto pela ESE na melhoria da eficiência energética das PME
	Factores de custo significativos	Custos que afectam significativamente o desempenho financeiro da ESE
	Poupanças de energia alcançadas	A redução do consumo de energia da PME depois de a ESE ter investido na melhoria da eficiência energética
	Duração do contrato	O período durante o qual a ESE recebe uma parte da redução dos custos de energia
Produtos e ofertas de serviços	Tipos de investimentos que podem ser efectuados	As melhorias no edifício ou na produção efectuadas pela ESCO
	Modelos adequados de EPC para PME	Tipos de acordos EPC que podem ser adequados para as PME

Printed by Books on Demand GmbH, Norderstedt / Germany